软土地区深基坑周边建筑变形控制理论与实践

吴才德　王洁栋　成怡冲　郑　翔　方宝民　著

中国建材工业出版社

图书在版编目（CIP）数据

软土地区深基坑周边建筑变形控制理论与实践 / 吴
才德等著. -- 北京：中国建材工业出版社，2022.1
　ISBN 978-7-5160-3239-8

　Ⅰ. ①软… Ⅱ. ①吴… Ⅲ. ①软土地区－深基坑－工
程施工－影响－建筑物－变形－研究 Ⅳ. ①TU433

　中国版本图书馆 CIP 数据核字（2021）第 119047 号

内 容 简 介

　　本书从理论计算和施工实践两方面出发，就软土地区深基坑施工对周边建筑影响以及相关保护措施进行研究，介绍了多个成功的基坑周边建筑保护工程案例，为软土地区基坑周边建筑的保护提供理论指导和实践依据。本书共分上下两篇：软土地区深基坑周边建筑变形预测与控制理论；软土地区深基坑周边建筑变形控制实践。上篇内容主要有地下连续墙施工对周边环境的影响分析、基坑及基坑周边建筑变形的预测与模拟、深基坑施工邻近建筑风险与安全评估、减少基坑施工对邻近建筑影响的技术措施。下篇内容主要有明挖隧道基坑周边建筑保护实例、轨道交通深基坑周边建筑保护实例、和丰创意广场小洋房保护实例、和义路项目文保建筑保护实例。

软土地区深基坑周边建筑变形控制理论与实践

Ruantu Diqu Shenjikeng Zhoubian Jianzhu Bianxing Kongzhi Lilun yu Shijian

吴才德　王洁栋　成怡冲　郑　翔　方宝民　著

出版发行：中国建材工业出版社
地　　址：北京市海淀区三里河路 1 号
邮　　编：100044
经　　销：全国各地新华书店
印　　刷：北京雁林吉兆印刷有限公司
开　　本：787mm×1092mm　1/16
印　　张：14.25
字　　数：280 千字
版　　次：2022 年 1 月第 1 版
印　　次：2022 年 1 月第 1 次
定　　价：78.00 元

前　言

随着城市规模的不断扩大，人口激增导致的地面交通拥堵、环境污染等一系列问题层出不穷。为保证城市发展的可持续性，缓解城市交通拥堵，提高城市居民出行的便利性，城市轨道交通建设成为必然趋势。在众多建设行为中，尤其以基坑开挖施工对邻近建筑物的影响问题最为突出。当在基坑周边密集分布着各类建筑物、市政道路及管线等时，一旦基坑开挖施工对周边建筑物造成损伤等破坏性影响，不仅会造成重大的经济损失，还将产生严重的社会及政治影响。由于相关研究的缺乏和对基坑变形的不正确认识，现实中又往往存在另一个极端，即过分夸大基坑工程对周边环境的影响程度，盲目采用不必要的保护措施，不但浪费了大量的人力和物力，也不利于基坑工程的可持续发展和节约型社会的建设。

软土具有低强度、高压缩性以及显著流变性。目前在诸多软土地区城市中，无论是在建公路和地铁隧道，还是位于闹市区的新建地下室，其基坑周边环境保护形势都十分严峻，工程施工难度和风险相当巨大。2010年，宁波东部新城某2层地下室基坑开挖，引起基坑北侧道路产生约24cm的最大沉降，路面产生较为明显的裂缝，对市容市貌产生严重影响。2012年，宁波江东区（现鄞州区）某2层地下室基坑开挖过程中，基坑南侧道路路面发生开裂，南侧建筑发生倾斜，倾斜量增加10cm。这些事故造成的影响使人们认识到从理论计算和施工实践两方面出发，就软土地区深基坑施工对周边建筑影响以及相关保护措施进行研究的必要性和迫切性。

本书是作者多年来开展软土地区邻近建筑物的深基坑工程设计和科研的成果总结。本书分为两篇，分别为软土地区深基坑周边建筑变形预测与控制理论以及软土地区深基坑周边建筑变形控制实践。上篇首先基于一系列相关的现场实测数据对软土地区深基坑开挖施工引起周边环境变形过大的因素进行了研究；通过有限元三维数值模拟，分析了地下连续墙施工对周边环境的影响；提出了基坑开挖引起周边建筑沉降的预测方法，并利用有限元分析软件 MIDAS 对基坑及基坑周边建筑变形进行了数值分析；基于事故树分析方法，提出了城市轨道交通基坑施工对周边建筑影响的安全评估方法；从深基坑设计、施工及建筑保护等几个方面，提出减少基坑施工对邻近建筑影响的技术措施。下篇主要介绍了四个软土地区邻近建筑的深基坑工程实例。

本书介绍的相关研究成果为软土地区安全地开展地下空间建设提供了理论依据和技术支持，2015—2020 年，该成果已在数十个邻近建筑的深大基坑工程中得到有效应用，经济效益和社会效益显著。此外，本书研究成果还为浙江省工程建设标准《建筑基坑工程技术规程》（DB33/T 1096—2014）、浙江省工程建设标准《城市轨道交通结构安全保护技术规程》（DB33/T 1139—2017）和宁波市工程建设地方细则《宁波市建筑基坑工程技术细则》（2019 甬 DX-06）等省、市级技术标准的编制提供了依据。

参与本书撰写和校对的还有浙江华展工程研究设计院有限公司龚迪快教授级高工、赵豫鄂硕士、曾婕硕士和安然硕士。本书的撰写还得到了宁波轨道交通集团有限公司的支持，在此一并表示感谢。

由于作者水平和能力有限，书中若存在疏漏之处，敬请批评指正。

著 者

2021 年 5 月于宁波

目　　录

上篇　软土地区深基坑周边建筑变形预测与控制理论

下篇　软土地区深基坑周边建筑变形控制实践

1 绪 论

1.1 引言

我国许多城市都正遭受着人口激增导致的地面交通拥堵、环境污染等一系列问题，为保证城市的可持续发展，大规模地下空间开发成为必然趋势，而其中城市轨道交通建设是缓解交通拥堵、方便城市居民出行的一个长远且有效的举措。城市轨道交通中地下部分的建设主要采用基坑明挖和盾构两种方法。其中，轨道交通深基坑车站、盾构工作井一般采用明挖法，而车站区间多采用盾构法。由于软土的不良工程特性，无论是采用明挖法还是盾构法，地下开挖施工对邻近建筑物都会产生不同程度的影响。

软土地区深基坑在明挖过程中，坑内土体的挖除不仅将引发坑底隆起及围护墙位移，还将导致基坑周边土体产生水平位移与竖向沉降，而基坑周边土体的位移将对周边环境产生不利的影响。尤其是位于市中心区域的基坑工程，在基坑周边往往密集分布着各类建筑物、市政道路及管线等，一旦基坑开挖施工对周边建筑物造成损伤等破坏性影响，不仅会造成重大的经济损失，还将产生严重的社会及政治影响。然而，由于相关研究的缺乏和对基坑变形的不正确认识，现实中又往往存在另一个极端，即过分夸大基坑工程对周边环境的影响程度，盲目采用不必要的保护措施，使得这种环境条件下的基坑工程的设计和施工异常保守，浪费了大量的人力和物力，也不利于基坑工程的可持续发展和节约型社会的建设。

目前，诸多软土地区城市（如杭州、宁波等）正处于地下空间建设的快速发展时期，无论是在建公路和地铁隧道，还是位于闹市区的新建地下室，都需要穿过密集的建筑群和纵横交错的管线网或位于其中，同时还要面对具有低强度、高压缩性以及显著流变性的宁波软土这一特殊地质条件，工程难度和风险巨大，基坑周边环境保护形势十分严峻。由于缺乏软土地区深基坑施工对周边环境影响的系统研究，在软土地区尚未形成完善的保护机制来指导和约束这类工程。另外，由于在实际工程的设计、施工过程中，保护措施的效果与实际花费之间的平衡点很难把握，所以常常无法就基坑开挖时周边建筑的保护问题做出科学的决策。因此，有必要从理论计算和施工实践两方面出发，就软土地区深基坑施工对周边建筑影响以及相关保护措施进行研究，以更好地指导宁波地区的地下工程建设，为软土地区基坑周边建筑的保护提供理论指导和实践依据。

1.2 软土深基坑开挖导致邻近建筑破坏事故

1.2.1 金融中心南区北侧道路沉降实例

1.2.1.1 工程概况

宁波国际金融服务中心南区工程位于宁波市东部新城中心商务区,北侧为宁波国际金融服务中心北区,东侧为海晏路,西侧为规划中央公园,南侧为惊驾路。

基坑开挖面积为45000m²左右,支护结构总延长米约860m。基坑周围开挖深度为16.2~19.2m,局部坑中坑开挖深度将达24.0m,基坑现场照片见图1-1。场地内土层分布比较均匀,地质起伏比较平缓,各区之间土质差异不大,但各土层之间性质差异大,其工程地质条件见表1-1。

图1-1 宁波国际金融服务中心南区基坑现场照片

表1-1 工程地质条件简表

序号	土层名称	厚度(m)	重度 γ (kN/m³)	黏聚力 c (kPa)	内摩擦角 φ (°)	吸水率 w (%)
1	黏土	0.6~1.6	18.4	29.2	13.1	36.9
2a	淤泥质黏土	0.9~3.0	17.2	12.8	8.6	49.9
2b	黏土	0.3~1.4	17.9	22.8	11.9	42.6
2c	淤泥	7.0~9.0	16.6	11.6	8.0	55.8
2d	淤泥质粉质黏土	1.8~5.4	18.0	11.6	10.3	40.9
3	含黏性土粉砂	1.0~4.6	19.6	11.8	29.7	26.5
4a	淤泥质粉质黏土	4.9~9.0	18.6	13.5	11.6	34.7

序号	土层名称	厚度（m）	重度 γ （kN/m³）	黏聚力 c （kPa）	内摩擦角 φ （°）	吸水率 w （%）
4b	黏土	0.4～8.0	17.7	22.6	12.0	43.7
5b	黏土	1.3～8.2	19.5	44.2	20.3	27.8
5c	粉质黏土	1.2～11.8	18.9	31.1	17.7	32.7

1.2.1.2 基坑支护方案设计

基坑支护结构采用地下连续墙＋三道钢筋混凝土水平内支撑的支护结构形式，平面支撑体系采用对撑、角撑结合超大椭圆环内支撑的形式布置。压顶梁设置在自然地坪以下 0.5m，第一道腰梁及支撑面标高降到自然地坪以下 2.5m 处，第二道腰梁及支撑面降到自然地坪以下 7.2m 处，第三道腰梁及支撑面降到自然地坪以下 11.9m 处。地下连续墙下端均穿越淤泥或淤泥质土进入土性相对较好的 5b 层或 5c 层。

1.2.1.3 工程实测结果

基坑北侧道路及邻近建筑台阶破坏的现场照片分别见图 1-2 和图 1-3。根据基坑北侧规划路监测点监测数据，绘制路面沉降曲线见图 1-4 和图 1-5，基坑北侧规划道路上最大沉降约 24cm。

图 1-2 施工后北侧道路破坏现场照片　　　　图 1-3 施工后北侧建筑台阶破坏现场照片

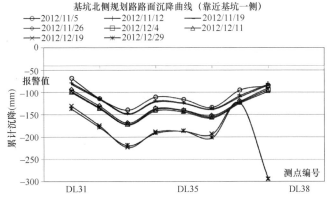

图 1-4 基坑北侧规划路路面沉降曲线

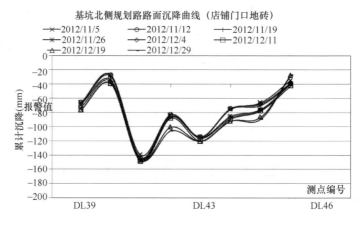

图 1-5　基坑北侧店铺门口地面沉降曲线

1.2.1.4　破坏原因分析

金融中心南区基坑工程以北 20m 为即将开放营业的金融中心北区，金融中心北区下设三层地下室，即基坑北侧规划路部分土体为有限土体。相关研究表明，若不能对有限土体进行有效加固时该区域土体会产生明显的竖向位移。

1.2.2　华茂广场南侧建筑开裂倾斜实例

1.2.2.1　工程概况

1. 基坑工程概况

华茂广场工程位于宁波市江东区，东侧为桑田路，南侧为现状道路及建筑物，西侧为现状道路及住宅小区，北侧为中山东路及地铁隧道。

基坑开挖面积为 11030m² 左右，支护结构总延长米约 540m。基坑周围开挖深度为 10.5～13.5m，基坑现场照片见图 1-6。

图 1-6　华茂广场基坑现场照片

基坑开挖及围护影响范围内的土层分布较为均匀，主要为1-0层杂填土、1-1层黏土、2层淤泥质黏土、4层粉质黏土、5-1层粉质黏土、5-2层粉土、6层粉质黏土。其工程地质条件见表1-2。

表1-2 工程地质条件简表

序号	土层名称	厚度（m）	重度 γ （kN/m³）	黏聚力 c （kPa）	内摩擦角 φ （°）	吸水率 w （%）
1-1	黏土	0.5～1.1	17.9	26.8	13.7	38.8
2	淤泥质黏土	0.12～0.9	17.1	15.2	7.5	48.7
4	粉质黏土	3.3～7.1	18.8	28.3	14.0	29.9
5-1	粉质黏土	0～13.9	18.9	34.3	15.5	30.8
5-2	粉土	6.6～20.9	18.8	16.1	24.2	31.7
6	粉质黏土	0.8～5.3	18.3	27.4	13.2	35.7

2. 南侧建筑概况

基坑南侧为宁波市科技情报研究所、宁波市生产力促进中心及附属市政建筑（配电房），见图1-7。宁波市科技情报研究所为6层混凝土结构，桩基础；宁波市生产力促进中心为9层混凝土结构，一层地下室，桩基础；附属市政建筑（配电房）为2层混凝土结构，浅基础，距离基坑20m。

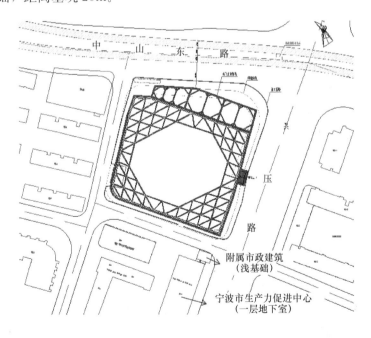

图1-7 华茂广场基坑与附属市政建筑关系图

1.2.2.2 基坑支护方案设计

基坑支护结构采用排桩＋两道钢筋混凝土水平内支撑的支护结构形式，支护桩采用 $\phi850$、$\phi900$、$\phi950$ 钻孔灌注桩，地铁50m保护范围内采用800厚地下连续墙，平面支撑体系采用角撑的形式布置。冠梁面设置在自然地坪以下 1.0m，一道围梁及支撑面标高降到自然地坪以下 2.0m 处，二道围梁及支撑面标高降到自然地坪以下 6.6m 处。支护桩下端均穿越淤泥或淤泥质土进入土性相对较好的 4 层。

1.2.2.3 工程实测结果

华茂广场地下室施工完成后，基坑与宁波市生产力促进中心之间道路的现场照片见图 1-8，基坑南侧市政建筑物现场照片见图 1-9。基坑与宁波市生产力促进中心之间道路地表开裂，南侧附属市政建筑（配电房）倾斜，倾斜量增加 10cm。

图 1-8　施工后南侧道路现场照片　　　图 1-9　施工后南侧市政建筑现场照片

1.2.2.4 破坏原因分析

基坑南侧宁波市生产力促进中心为一层地下室，南侧附属市政建筑（配电房）位于基坑与宁波市生产力促进中心之间的有限土体之上，为浅基础建筑。基坑施工对有限土体会产生明显的竖向位移，从而引起南侧道路地表沉降及附属市政建筑倾斜。

1.3　国内外研究现状

1.3.1　基坑开挖引起土体位移研究现状

要对基坑开挖时周边建筑的保护问题做出科学的决策，首先应研究基坑开挖引起的周边土体位移的可靠计算方法。目前，基坑开挖引起基坑周边土体变形的研究主要集中在基坑周边地表沉降与基坑周边土体水平位移两方面。

Caspe（1966）[1] 提出了多支撑围护结构后的土体破裂面的对数螺旋线位移模式。将墙后的土体分成 3 个区：A 塑性区、B 弹性区和 C 非扰动区，各区间分界线为对数螺旋线，螺旋线的起点分别为基底面和墙趾。由于基坑工程的复杂性，这一研究只给出了基坑周边土体变形大概和定性的解释，并不能直接应用于工程中要求有数值精度的具体问题，但它为后续研究奠定了理论基础。

Peck（1969）[2]根据芝加哥、奥斯陆等地的地面沉降监测资料，提出了针对不同土层的墙后地面沉降和沉降范围的经验关系曲线及相应的经验计算方法。其经验曲线及相关的经验计算方法可较全面地反映不同土层的工程特性、场地条件和施工质量对地面沉降的综合影响，并间接地将基坑的稳定性与地表变形联系起来。尽管其统计数据多是源于采用排桩和板桩等刚度较小的支护结构的基坑工程，预估结果往往偏大，有一定的局限性，但凭借其实用性，该曲线或基于该曲线的改进方法仍在工程设计中得到广泛应用。

在国内关于基坑开挖引起基坑周边土体沉降的相关研究中，侯学渊和陈永福（1989）[3]采用以 Biot 固结理论为基础的有限元及无限元的耦合方法进行了深基坑开挖的模拟计算，研究了基坑开挖宽度、横向支撑刚度、基坑开挖深度、墙体刚度对支护结构侧移与地表沉陷的影响，同时还提出了三角形地表沉陷与抛物线形地表沉陷的估算方法。结果表明，当其他条件不变时，开挖宽度增加，支护结构下部的侧向位移相应增加，周边地基土的沉陷和沉陷范围也有所增加；横向支撑刚度能有效地限制支护结构物的上端侧向位移，但对于刚度较大的支护结构，加大横撑刚度以限制支护结构的最大侧移效果不是很大，但能减小周围地基土的沉陷值；开挖深度越深，支护结构的侧向位移与周围地基土的沉陷都非线性地增加；加大墙体刚度能有效地减小最大侧移量，也能有效地减小周围地基土的最大沉陷，但对于缩小沉陷范围效果不大。

徐方京（1992）[4]分析了影响基坑变形的因素及基坑周边地层移动的影响范围，并根据瑞雷分布函数提出了地下连续墙后土体沉降及墙体侧移的估算公式。

刘建航（1993）[5]在对实际工程中常用经验公式预测法、半理论解析法和数值模拟法进行详细分析的基础上，提出了针对上海软土地基的基坑周边地面沉降的经验算法，将地面沉降按基坑施工的先后顺序分为施工阶段基坑周边地面沉降和后期地面沉降，并分别给出两个阶段地面沉降的预测方法，其研究结果已被列入上海市地方标准《基坑工程设计规程》（DBJ 08—61—97）［该标准现行为《基坑工程技术规范》（DG/TJ 08—61—2010）］中。

孙钧（1994）[6]将采用地下连续墙围护的基坑开挖引起的基坑周边地面沉降归结为六个方面原因：①开挖和支撑过程中的墙体走动（刚性位移）与墙体挠曲变形；②坑底地基土回弹、塑性隆起和翻砂管涌；③因降水导致墙外土层固结和次固结沉降；④槽内挖土，因护壁泥浆不理想，使外侧土层向槽内变形；⑤井点抽水带走土体颗粒造成的地层损失；⑥墙身各槽段间接头处混凝土不密实，或相邻槽段间因柔性接头差异沉降而相对错移，致土砂漏失。孙钧（1994）[6]认为前三项原因是基坑施工中不可避免的，应该采取积极的施工技术措施尽可能地加以控制；在施工质量得到保证的情况下，后三项的危害可减至最小。

唐孟雄和赵锡宏（1996）[7]用回归分析方法求得深基坑挡土墙侧向位移函数，根据地面沉降与挡土墙侧向位移之间的关系，求出地表任意剖面沉降的最大下沉值，并得出地表任意点沉降计算公式。

Hsieh&Ou（1998）[8]结合地面沉降实测结果的回归分析，给出了三角形与凹槽形地面沉降的预测方法，并提出了主影响区和次影响区的概念。两种类型的地面沉降均包含主影响区和次影响区，主影响区范围为2倍的基坑最终开挖深度，次影响区范围为基坑周边2～4倍基坑最终开挖深度。

简艳春（2001）[9]基于计算值和实测值提出了软土基坑墙后地表沉降的概化分布曲线。按照地层损失法思路及工程经验，推导了由围护墙侧向变形值求解基坑墙后地表沉降的实用公式。

聂宗泉等（2008）[10]在已有研究成果和对大量实测资料分析的基础上，提出基坑周边地表偏态分布的预测曲线，并通过实例验证了方法的有效性和实用性。

刘小丽等（2011）[11]利用经验关系对用于基坑周边地表沉降预测的正态和偏态分布模式进行改进，通过两种模式与实测曲线的对比，指出基坑开挖引起的地表沉降更符合偏态分布模式。

尹盛斌和丁红岩（2012）[12]借助于数值分析方法，利用正向、反向转动及挠曲等3种基本变形模式对围护结构的任意变形模式进行拟合，求得3种基本模式的最大位移值，然后根据3种基本模式所对应的基坑周边地表沉降经验公式，求得每一种基本模式所对应的基坑周边地表沉降分量并进行叠加，从而求得基坑周边地表沉降分布曲线。

木林隆和黄茂松（2013）[13]利用有限元法进行参数反演，并利用这些参数计算基坑开挖引起的土体位移，总结了基坑周边土体三维位移场的衰减规律并给出统一表达式，同时结合围护墙水平变形与墙后地表沉降的经验公式，通过二次拟合提出了基坑周边土体三维位移场的简化计算方法。

总体来看，在基坑开挖引起土体位移场的研究方面，目前主要是基于实测或有限元模拟数据，通过建立基坑开挖深度及施工条件与基坑周边地面沉降的经验或半经验公式进行变形预测，预测结果的准确性或公式的适用性往往受地域条件的制约。另外，一般形状基坑与狭长型基坑（如轨道交通深基坑等）由于空间效应、支撑布置形式等的不同，两者的变形性状也存在差异，而相关研究中并未明确区分这两类基坑。因此，有必要结合宁波软土地区经验与基坑自身特点，就基坑开挖引起的基坑周边土体位移场的计算方法展开进一步研究。

1.3.2 深基坑施工对邻近建筑物影响研究现状

基坑开挖导致基坑周边土体产生水平向和竖向位移，由于邻近坑边建筑各点的位移不同，导致建筑底部产生差异沉降，而建筑物内部则产生附加应力，若附加应力超过一定程度，建筑物将产生开裂甚至结构破坏。基坑周边建筑物分析极其复杂，其影响因素主要包含以下几个方面[14]：

(1) 基坑周边土体的位移；

(2) 建筑物与基坑的相对位置关系；

(3) 建筑物的结构形式、开洞情况；

(4) 建筑物的几何尺寸及形状；

(5) 建筑物的基础形式及埋深；

(6) 建筑物自身荷载及附加荷载。

在建筑物变形的研究方面，主要分为两种方法：第一种是基于工程实例的经验方法，即通过建立建筑物破坏程度（通常为裂缝宽度）与建筑物易测量且能反映建筑变形性状的变量（如差异沉降、角变位等）之间的对应关系，给出建筑物的容许沉降和差异沉降的控制标准；第二种是力学分析方法，主要通过对结构差异沉降作用下的受力和变形进行分析，得出建筑破坏程度与其附加内力及变形的关系，并通过工程实例进行验证。目前建筑物的变形预测方法主要有简支梁法[15]、修正简支梁法[16]、单元应变法[17]、总应变法[18]和叠合梁法[19]等。力学分析方法可以考虑结构参数的影响，但由于影响结构受力性状的因素复杂、计算模型材料本构关系及其参数难以确定等原因，力学分析方法并不能完全代替经验方法。

要分析基坑开挖对邻近建筑物的影响，需要将基坑开挖变形的分析方法与建筑物变形的分析方法进行有效的耦合。

唐孟雄和赵锡宏（1996）[20]提出了按正态分布密度函数计算深基坑开挖引起的地面沉降值的经验公式，并根据对建筑物和地下管线保护需要，引入了倾斜和曲率两个计算地表变形的指标，给出了管道允许变形的计算公式。

杨国伟（2000）[21]对承重墙和框架结构在基坑开挖引起的差异沉降下的附加内力分布进行了研究，给出了在已知地表沉降分布时分析建筑物破坏的一般方法及安全性判定方法，并给出了各种类型建筑物的容许差异沉降控制标准。

边亦海和黄宏伟（2006）[22]根据上海地区实际情况对 Peck 理论进行修正，获得基坑周边地表沉降曲线并采用应变叠加法计算建筑物裂缝宽度，通过这一直观指标评价深基坑开挖导致的建筑物潜在破坏，并通过损失比方法对建筑开裂损失进行了量化。

李进军等（2007）[23]对基坑开挖产生的邻近的具有不同基础形式的建筑物的附加变形进行计算分析，并与工程实测结果相比较，验证了计算分析的必要性和可靠性，为类似基坑工程的设计和施工提供了有益的参考。

龚东庆（2008）[24]采用 KJHH 简化评估法预测深基坑引起的地表沉降，再基于建筑变形与地表变形一致的假定求解建筑的角变量，以此评估建筑物的受损情况。

Schuster 等（2009）[25]采用可靠度理论进行基坑周边水平位移与竖向位移的预测，再计算建筑物的角变形和横向拉应变，通过引入与以上变量相关的建筑物破坏潜力指标DPI来评估建筑物的变形程度。

王卫东和徐中华（2010）[26]根据上海地区的大量工程实测数据提出了地表沉降曲线的预估方法，然后采用与文献[24]类似的方法获得建筑物角变量来预估深基坑开挖对周边建筑物的影响。

王浩然等（2012）[27]通过对有限元计算结果的分析及拟合，推导了能综合考虑基坑系统刚度、挖深和宽度因素的板式支护体系基坑地表最大沉降的简化计算公式，然后根据文献[26]的方法进行紧邻基坑的建筑变形预测并指出该简化方法较适合于分析基坑开挖对浅基础及地下管线等的影响，不适合分析对有一定埋深的隧道及桩基础建筑的影响。

吴朝阳和李正农（2014）[28]采用上海地区经验法、台北地区经验法和有限元法等三种方法对某地铁车站开挖对周边建筑的影响进行预测并与实测结果进行比较，结果表明基于特定地区经验的预测方法在其他地区的适用性不强，采用有限元模拟得到的结果更接近于工程实测。

但需要指出的是，数值分析方法虽然可模拟复杂条件下的基坑开挖，但较高的模拟费用限制了其在基坑工程初步设计中的应用，而且预测结果的准确性取决于合理的土体本构模型和参数的选择。除了直接预测或评估建筑受损程度的方法外，有不少学者还开展了基坑开挖对周边建筑影响的风险分析研究。

黄沛等（2012）[29]针对软土地区深基坑现状，在对深基坑施工造成邻近桩基建筑物进行事故分析的基础上，结合工程水文地质条件以及勘察、设计、施工和建设等因素，建立了深基坑施工对邻近桩基建筑物影响的安全评判方法。

张弛等（2013）[30]基于模糊数学的相关理论建立深基坑施工对周边环境影响的模糊风险评估模型，对工程实例加以解析化和定量化分析，提出合理的风险损失评价指标、风险等级划分以及风险损失计算公式。

吴朝阳等（2014）[31]基于区间数理论，以建筑的沉降值、倾斜度和损伤系数为代表性指标，提出了基坑周边建筑风险的评判流程。

以上研究多针对的是浅基础建筑，对于像宁波软土地区的多层、高层建筑，深基础（桩基）的使用更为普遍。所以需要进一步分析基坑开挖对邻近桩基础建筑的影响。

在深基坑开挖引起邻近建筑物沉降的数值分析方面，杨敏等（2005）[32]采用三维弹塑性有限元法，模拟了无支撑基坑开挖与邻近桩基的相互作用，对比分析了邻近桩基对基坑开挖所引起土体变形场的影响，并讨论了基坑的空间效应、开挖深度、支护墙刚度、桩基和基坑距离、桩基刚度和桩头约束条件等因素对邻近桩基附加侧向位移和弯矩的影响。

杜金龙和杨敏（2008）[33]使用土体流变本构模型，利用有限元分析了受基坑开挖影响的邻近单桩的受力变形性状，并通过参数研究，分析了本构模型、应力历史、桩墙距离、开挖速度和降水等对桩基受力变形性状的影响。

在深基坑开挖引起邻近建筑物沉降的实测研究方面，徐中华等（2009）[34]对上海某逆作法施工的深基坑的周边建筑的变形进行了实测分析，结果显示：建筑物的沉降形态与建筑物各点距离基坑的距离、建筑物本身的上部刚度和基础形式密切相关，且基坑变形的三维效应显著地影响建筑物的沉降形态。

史春乐等（2012）[35]、阎超和刘秀珍（2014）[36]都根据基坑施工过程中的现场实测结果，探讨了邻近建筑物沉降变形与地质条件、施工工序、支护结构水平位移和建筑物基础形式之间的关系，并指出：支护桩间水土流失及不当的施工工序是诱发邻近浅基础建筑沉降过大的根本原因。另外，文献[35-36]中的实测结果还表明，桩基础建筑抵抗变形的能力要优于毛石基础、浅层筏板基础以及水泥搅拌桩复合地基条形基础，砖混结构抗变形开裂的能力明显优于砖结构。

刘念武等（2014）[37]通过对邻近某深基坑的多栋建筑的沉降观测发现，5层建筑的沉降变化与地表土体的沉降变化相差较大（5层建筑的沉降更大），2~3层建筑的沉降变化趋势与地表的变化趋势较为接近。因此，对于基坑开挖造成的建筑沉降及差异沉降，要充分考虑建筑的上部荷载、基础形式以及建筑所处位置。

综上可知，邻近基坑的建筑物的变形受多种因素的影响，除了基坑开挖导致的基坑周边土体位移外，还要综合考虑建筑的基础形式及尺寸、上部结构形式及荷载等。目前提出的基坑周边建筑变形的简化预测方法多适用于浅基础建筑且忽略了许多因素的影响。因此，考虑多种因素作用的、可适应于桩基础建筑变形预测的方法仍有待进一步研究。另外，关于基坑开挖导致建筑变形的实测研究仍较为欠缺，相关实测数据的分析与经验总结工作也有待进一步开展。

1.3.3 减小深基坑施工对周边影响的措施研究现状

若深基坑对邻近建筑造成的影响不可忽略，则应该考虑采取合理有效的措施保证基坑及周边建筑的安全。目前关于基坑开挖时相关设计与施工措施的研究已有不少成果。

刘建航等（1999）[38-39]结合上海软土地区数十年来在深基坑方面的施工实践和试验研究，通过对土体不同卸载条件下的三维变形特性和流变曲线的试验及理论研究，提出了针对上海软土的基坑开挖时空效应原理。认为基坑变形具有时空效应规律，即基坑围护结构与周围地层变形具有时间和空间的特点，主要体现在三个方面：①基坑周围地层位移随时间而变化;②支护结构的围护结构体变形及内力随时间而变化;③基坑开挖的空间作用。根据时空效应原理,刘建航等(1997)[38-39]认为在建筑群密集、场地狭窄的软土流变地层中进行深基坑的设计和施工时,应考虑采用"分层、分块、平衡、对称和限时"的施工方法来减少墙体位移控制基坑变形,从而在不增加工程直接造价和延长施工工期的前提下,控制基坑变形达到保护周围环境的目的。这一原理已在上海软土地区的深大基坑中得到了广泛应用。

刘金元等(1999)[40]介绍了邻近基坑的建筑物的保护方法,即循迹补偿保护法,其原理就是利用围护结构变形和建筑物位置处相应变形的时间差,在基坑变形传递到建筑物之前将由于围护结构变形造成的土体损失通过注浆补充进去,从而有效地减小周围地层位移,达到保护周边环境的目的,同时,在对该方法原理介绍的基础上,对该保护法的设计和施工进行了介绍。

程斌等(2000)[41]以上海地铁二号线基坑工程实际为背景,分析了基坑开挖过程中,施工对其周围建筑物、地铁隧道产生的影响,并对现有的一些治理措施和解决方案进行分析总结。

侯胜男等(2011)[42]通过采用减少基坑施工对周边影响的措施,并对建筑进行桩基托换,实现了基坑开挖阶段对上海某历史建筑的保护。通过监测结果发现,地下墙施工阶段引起的沉降量不容忽视。

丁勇春等(2012)[43]利用三维数值模拟,探讨不同基坑支护方案及技术措施对基坑变形控制及周边建筑保护的有效性。其结果显示,隔断桩侧向变形及建筑基础沉降与基坑围护墙侧向变形具有较强的关联性,是否设置单排隔断桩及隔断桩间距调整对土体侧向变形的影响较小。

龚江飞等(2015)[44]总结了某基坑周边文物建筑的沉降规律,论述了土方开挖、基坑降水、施工扰动是建筑不均匀沉降的主要原因,并提出了针对性的控制措施。

从以上文献可知,变形控制措施的选择一般可从"源头控制、路径隔断、对象保护"三方面入手。"路径隔断"是在已有建筑物与基坑之间设置隔断墙,通过隔断墙来承受基坑周边土体位移引起的侧向土压力、地基差异沉降所产生的负摩擦力并一定程度阻隔由坑内降水引起的地面沉降对建筑物的影响。"对象保护"就是采取措施提高建筑本身对基坑开挖导致的变形的抵抗或适应能力,主要措施有基础托换、地基加固、结构补强等。由于项目业主不同,施工不便,费用昂贵等原因,以上两类措施很少会在一般性的基坑工程中应用。"源头控制"即通过控制基坑本身变形达到减小基坑开挖对周边环境影响的目的。就目前情况而言,基于"源头控制"原则的控制措施更为直接、可行,其具体保护措施包括增加围护墙的刚度和长度、增加支撑刚度和道数、坑底加固、支护体系优化布置和基于时空效应的设计与施工等。总体而言,目前对于保护措施的研究仍多是定性的，故有必要从定量的角度出发对保护措施的效果及经济性进行分析，为各种措施的选用提供量化的依据。

综上所述，尽管目前关于基坑开挖变形控制及开挖对周边建筑物影响的研究已有了一定成果，但相关结论的适应性仍受地域限制，一些变形预测方法所能考虑的影响因素还不全面，基坑及周边变形的控制措施的分析还未能达到定量的要求。针对以上不足，本书开展深基坑开挖对周边建筑保护的理论设计与施工措施研究，对指导软土地区深基坑工程设计与施工以及周边建筑保护都具有重要意义。

1.4　基坑周边建筑调研与变形控制标准

1.4.1　基坑周边建筑现状调查

在基坑及基坑周边建筑变形控制实现流程中，基坑周边邻近建筑物的信息对基坑及基坑周边建筑物变形控制标准的制定有着重要的指导作用。在基坑工程设计与施工前，应先进行资料收集和调查等工作，了解邻近建筑物与基坑的距离，以及建筑物的建筑年代，设计、施工情况及维修加固和使用的历史变迁等。根据建筑物的分布及基本信息，进行现场查勘，对建筑物自身及四周逐项检查建筑物各个部件的初始完损情况，记录建筑基础形式、建筑结构体系、建筑层数等信息。同时，还需注意以下几点：

1. 地基与基础

地基与基础埋在地下，检查比较困难，主要通过外部损坏迹象来判定，重点检查基础与墙体连接处（即下层墙体）的阶梯形裂缝、水平裂缝、斜向裂缝状况。检查基础与框架柱根部连接处的水平裂缝，地面裂缝情况，以及房屋倾斜、滑移、变形等。

2. 上部结构

主要检查其承载能力、构造与连接、裂缝、变形等方面。砌体结构房屋，重点检查构造与连接，纵横墙交接处的斜向或竖向裂缝，承重墙体的裂缝、变形及拱角位移情况；钢筋混凝土结构重点检查柱、梁、板、屋架的荷载裂缝和主筋锈蚀情况，柱根部和顶部的竖向及水平裂缝，屋架倾斜及支撑系统等；木结构主要检查木构件的腐朽、虫蛀（蚁害）、木材缺陷（腐朽、虫蛀、木节、斜纹、开裂）、构造缺陷、结构构件变形、失稳状况、木屋架端节点受剪面裂缝状况，屋架倾斜及支撑系统稳定状况；钢结构主要检查连接节点焊缝、螺栓、铆钉等情况，钢柱与梁的连接形式，支撑构件、柱脚与基础连接有无损坏，钢屋架杆件弯曲、截面扭曲、节点连接板弯曲及钢屋架挠度与侧向倾斜等。

1.4.2 建筑容许变形值的确定

基坑变形控制标准是指通过设计及施工措施将基坑变形限制在周围建（构）筑物能承受的范围内。其主要指标包括：①支护结构主体水平位移；②地表下沉量；③邻近建（构）筑物的沉降、倾斜等。当基坑工程周围有重要建（构）筑物时，变形控制量应根据基坑周围环境条件因地制宜确定，不宜简单地规定一个变形允许值，应以基坑施工对周围环境不产生不良影响，不会影响其正常使用为标准。

软土地区深基坑的施工往往伴随极强的环境效应，城市中轨道交通深基坑的开挖势必引起周围土体应力场的变化，可导致周围地基土体产生较大的位移和变形，并将会导致周边建筑物、道路、地下管线等重要设施产生不均匀沉降甚至发生开裂破坏，影响其正常的使用功能，并造成一定的社会影响。因此，软土地区的深基坑设计及施工难度大、风险高，对变形的控制要求越来越严格。在保证基坑稳定的前提下，基坑工程的设计与施工已从强度控制转变为位移控制。对于本书关注的轨道交通深基坑开挖对周边房屋的影响问题，其变形应从基坑本身变形与房屋变形两方面进行控制。

1.4.2.1 基坑变形控制标准

对于基坑施工产生的变形及其环境影响效应的控制，目前国家及地方有关标准多以基坑支护桩（墙）的最大变形及基坑周边地表最大沉降为变形控制指标。

1. 《建筑地基基础工程施工质量验收标准》（GB 50202—2018）（以下简称《验收标准》）[45]

基坑变形的监控值，见表 1-3。

表 1-3 基坑变形的监控值（cm）

基坑类别	围护结构墙顶位移监控值	围护结构墙体最大位移监控值	地面最大沉降监控值
一级基坑	3	5	3
二级基坑	6	8	6
三级基坑	8	10	10

注：1. 符合下列情况之一，为一级基坑：
　　1）重要工程或支护结构作主体结构的一部分；
　　2）开挖深度大于 10m；
　　3）与邻近建筑物、重要设施的距离在开挖深度以内的基坑；
　　4）基坑范围内有历史文物、近代优秀建筑、重要管线等需严加保护的基坑。
2. 三级基坑为开挖深度小于 7m，且周围环境无特别要求时的基坑。
3. 除一级和三级外的基坑属二级基坑。
4. 当周围已有的设施有特殊要求时，尚应符合这些要求。

本书所研究的轨道交通深基坑深度大于 10m，属于一级基坑。《验收标准》对一级基坑的围护结构墙体最大位移监控值为 5cm，该限制过于宽松。

2.《建筑基坑工程监测技术标准》（GB 50497—2019）（以下简称《监测技术标准》）[46]

根据《规范》[45]进行基坑类别的分级，《监测技术标准》给出的以地下连续墙为支护结构类型的一级基坑的监测报警值，见表1-4。

表1-4 一级基坑及支护结构监测报警值

监测项目	累计值		变化速率（mm/d）
	绝对值（mm）	相对基坑深度控制值	
围护墙顶部水平位移	25～30	0.2%～0.3%	2～3
围护墙顶部竖向位移	10～20	0.1%～0.2%	2～3
深层水平位移	40～50	0.4%～0.5%	2～3
地表竖向位移	25～35	—	2～3

相比于《验收标准》，《监测技术标准》[46]建立了基坑变形与基坑深度的关系，但是一级基坑深层水平位移40～50mm的控制值仍然显得过大。

3.《基坑工程技术规范》（DG/TJ 08-61—2010）（以下简称《技术规范》）[47]

该上海市工程建设规范确定了基坑环境保护等级（表1-5），并给出不同环境保护等级下的基坑变形设计控制标准（表1-6）。

表1-5 基坑工程的环境保护等级

环境保护对象	保护对象与基坑的距离关系	基坑工程的环境保护等级
优秀历史建筑、有精密仪器与设备的厂房、其他采用天然地基或短桩基础的重要建筑物、轨道交通设施、隧道、防汛墙、原水管、自来水总管、煤气总管、共同沟等重要建（构）筑物或设施	$s \leqslant H$	一级
	$H < s \leqslant 2H$	二级
	$2H < s \leqslant 4H$	三级
较重要的自来水管、煤气管、污水管等市政管线，采用天然地基或短桩基础的建筑物等	$s \leqslant H$	二级
	$H < s \leqslant 2H$	三级

注：1. H 为基础开挖深度，s 为保护对象与基坑开挖边线的净距；
2. 基坑工程环境保护等级可依据基坑各边的不同环境情况分别确定；
3. 位于轨道交通设施、优秀历史建筑、重要管线等环境保护对象周边的建筑工程，应遵照政府有关文件和规定执行。

表1-6 基坑变形设计控制标准

基坑环境保护等级	围护结构最大侧移	基坑周边地表最大沉降
一级	0.18%H	0.15%H
二级	0.3%H	0.25%H
三级	0.7%H	0.55%H

注：H 为基坑开挖深度（m）。

从表 1-5 可见,《技术规范》[47] 对环境保护等级的分类依据为建(构)筑物的重要性及其离基坑的远近。对于轨道交通深基坑周边的居民房,按表 1-6 确定的基坑工程的环境保护等级一般在二级至三级,即围护结构最大侧移限制为 30～70mm,显然,这一限制范围仍然过大。

4.《上海地铁基坑工程施工规程》(SZ-08—2000)[48]

在少数关于地铁基坑的地方标准中,对基坑及周边环境保护提出了更为严格的变形控制要求(表 1-7)。

表 1-7 基坑保护等级和变形控制

保护等级	地面最大沉降量及围护结构水平位移控制要求	周边环境保护要求
一级	1. 地面最大沉降量≤0.1%H; 2. 围护结构最大水平位移 0.14%H; 3. K_s≥2.2	基坑周边以外 0.7H 范围内有地铁、共同沟、煤气管、大型压力总水管等重要建筑或设施,必须确保安全
二级	1. 地面最大沉降量≤0.2%H; 2. 围护结构最大水平位移≤0.3%H; 3. K_s≥2.0	离基坑周边 1H～2H 范围内有重要管线或大型的在使用的建(构)筑物
三级	1. 地面最大沉降量≤0.5%H; 2. 围护结构最大水平位移≤0.7%H; 3. K_s≥1.5	离基坑周围 2H 范围内没有重要或较重要的管线、建(构)筑物

注:H 为基坑开挖深度,K_s 为抗隆起安全系数,按圆弧滑动公式计算。

但上海地区大量的基坑工程实践表明这两个规范提出的部分变形控制指标偏严,且缺乏足够的依据,因此有必要就深基坑的变形控制指标做更深入的研究。

5.《建筑基坑工程技术规程》(DB33/T 1096—2014)[49]

表 1-8 是对浙江近百项成功实施的基坑工程进行统计后得出的针对支护结构变形的控制标准,对于本书轨道交通一级基坑,其变形控制值在 0.2%H～0.5%H。相比于以上国家标准和上海地方标准,该规程反映了浙江软土地区的工程实际,但是该条针对的是一般基坑工程,没有考虑轨道交通深基坑的特殊情况及周边环境保护的要求。

表 1-8 支护结构变形控制值

基坑设计等级	一 级	二 级	三 级
变形控制值	(0.2%～0.5%)H	(0.4%～0.9%)H	(0.8%～1.2%)H

注:1. H 为基坑开挖深度,开挖深度深时取低值;2. 环境条件要求高时取低值。

6.《宁波城市轨道交通设计技术标准》(2015 甬 SS-01)[50](以下简称《标准》[50])

为适应宁波市轨道交通建设运营和发展需要,统一规范设计标准,体现宁波地方特点,由宁波市轨道交通集团有限公司、上海市隧道工程轨道交通设计研究院主编,浙江华展工程研究设计院有限公司、浙江省交通规划设计研究院参编的《宁波城市轨道交通设计技术标准》于 2015 年 7 月正式实行，该标准对于基坑变形的控制标准参考了《上海地铁基坑工程施工规程》（SZ-08—2000）[48]，具体见表 1-9。

表 1-9　基坑保护等级标准

保护等级	地面最大沉降量及围护结构水平位移控制要求	周边环境保护要求
一级	1. 地面最大沉降量≤0.1%H； 2. 围护结构最大水平位移 0.14%H； 3. K_s≥2.2	基坑周边以外 1H 范围内有地铁、共同沟、大型煤气管、压力总水管及重要建筑或设施等
二级	1. 地面最大沉降量≤0.2%H； 2. 围护结构最大水平位移≤0.3%H； 3. K_s≥1.9	基坑周边以外 1H 范围内无重要管线和建（构）筑物；而离基坑周边 1H～3H 有重要管线或大型的在使用的管线、建（构）筑物
三级	1. 地面最大沉降量≤0.5%H； 2. 围护结构最大水平位移≤0.7%H； 3. K_s≥1.7	离基坑周边 3H 范围内无重要管线或较重要的管线、建（构）筑物

注：1. 表中控制要求是基坑施工按《上海地铁基坑工程施工规程》（SZ-08—2000）的参数要求进行开挖施工条件下的标准；
　　2. H 为基坑开挖深度，K_s 为抗隆起安全系数（K_s 以最下一道支撑点为圆心的圆弧滑动计算公式计算），计算时 c、φ 值取直剪固快平均值；
　　3. 车站主体基坑一般按照不低于二级控制。

7. 本书关于基坑变形的控制标准

从以上规范的分析中可知，不同规范对于基坑的变形控制标准存在差异。文献[51]指出，受围护结构变形模式、基坑周边土质条件、基坑周边土体沉降模式等的影响，基坑变形控制指标仍值得讨论。考虑在支护形式、土层条件、施工水平等基本相同的情况下，宁波地铁车站深基坑开挖导致的土体变形的变异性不大，因此提出轨道交通深基坑的变形控制标准是可行的。《标准》[50]一定程度上反映了软土区轨道交通深基坑的实际情况，本书以表 1-9 作为基坑变形的控制指标。

1.4.2.2　房屋变形控制标准

除基坑自身的变形控制外，周边房屋也应建立相应的变形控制标准。由于基坑变形与建筑变形之间的关系是间接的，对于基坑周边房屋的保护而言，建立房屋自身的变形控制标准更为重要。

1. 建筑沉降和倾斜的变形控制标准

建筑变形一般反映在建筑物沉降与倾斜上，对于小刚度建筑，一般考虑其差异沉降量，对于大刚度建筑，一般以倾斜进行控制。表 1-10 为《建筑地基基础设计规范》（GB 50007—2011）[52]中给出的建筑物的地基变形允许值。实际轨道交通深基坑开挖影响下的建筑变形允许值应为表 1-10 中数值减去建筑已有的变形量。需要指出的是，表

1-10 的变形允许值是以建筑不发生结构损坏为标准提出的，而本书考虑的建筑不发生美观破坏，即相关要求要比表 1-10 更为严格。

表 1-10 建筑物的地基变形允许值

变形特征		地基土类别	
		中、低压缩性土	高压缩性土
砌体承重结构基础的局部倾斜		0.002	0.003
工业与民用建筑相邻柱基的沉降差	框架结构	0.002l	0.003l
	砌体墙填充的边排柱	0.0007l	0.001l
	当基础不均匀沉降时不产生附加应力的结构	0.005l	0.005l
单层排架结构（柱距为 6m）柱基的沉降量（mm）		(120)	200
桥式吊车轨面的倾斜（按不调整轨道考虑）	纵向	0.004	
	横向	0.003	
多层和高层建筑的整体倾斜	$H_g \leqslant 24$	0.004	
	$24 < H_g \leqslant 60$	0.003	
	$60 < H_g \leqslant 100$	0.0025	
	$H_g > 100$	0.002	
体型简单的高层建筑基础的平均沉降量（mm）		200	
高耸结构基础的倾斜	$H_g \leqslant 20$	0.008	
	$20 < H_g \leqslant 50$	0.006	
	$50 < H_g \leqslant 100$	0.005	
	$100 < H_g \leqslant 150$	0.004	
	$150 < H_g \leqslant 200$	0.003	
	$200 < H_g \leqslant 250$	0.002	
高耸结构基础的沉降量（mm）	$H_g \leqslant 100$	400	
	$100 < H_g \leqslant 200$	300	
	$200 < H_g \leqslant 250$	200	

注：1. 本表数值为建筑物地基实际最终变形允许值；
2. 有括号的仅适用于中压缩性土；
3. l 为相邻柱基的中心距离（mm）；H_g 为自室外地面起算的建筑物高度（m）；
4. 倾斜指基础倾斜方向两端点的沉降差与其距离的比值；
5. 局部倾斜指砌体承重结构沿纵向 6～10m 内基础两点的沉降差与其距离的比值。

文献[53]根据收集的上海地区 13 栋钢筋混凝土结构受基坑开挖影响的资料，结果发现当建筑物总沉降量为 60mm 以上时，建筑物出现了不同程度的损坏；根据收集的上海地区 27 栋砖混结构受基坑开挖影响的资料，结果发现当建筑物总沉降量为 40mm 以上时，绝大部分建筑物出现了不同程度的损坏，这也可以作为软土地区由开挖引起的建筑物沉降控制的一个参考。

2. 根据角变量的建筑变形控制标准

分析建筑物对附加变形的承受能力有必要先了解建筑物在自重作用下的容许变形量。由于影响因素繁多，使得建筑物因沉降而受损的机理非常复杂，也就难以采用理论分析的方法来求得建筑物的容许沉降量。因此，目前关于建筑物容许沉降量的有关标准都是建立在已有建筑物现场沉降及损坏现象观测的基础上的。

Bjerrum[54]在前人研究的基础上，结合自己的有关观测资料，总结了建筑物损坏与角变量之间的关系如表1-11所示。其中角变量为建筑倾角与刚体转动量的差值。后来的一些学者如 Burland 和 Wroth[15]、Boscardin 和 Cording[16] 等也陆续进行了建筑物容许沉降量的研究，但所得到的结果基本与表1-11所建议的值相差不大。表1-11适用于坐落于任何土层的钢筋混凝土框架结构和砖混结构，也适合独立基础或筏板基础的建筑物。本书变形控制要求轨道交通深基坑周边建筑不发生裂缝，建筑角变量应小于1/500，这一标准相对于表1-10的标准更为严格。另外，对于有地下室的桩基础建筑，其变形主要应由倾斜控制，本书将这类大刚度建筑的倾斜控制标准同样定为 1/500（2‰），这一要求同样高于表1-10。

表 1-11　角变量与建筑物损坏程度的关系

角变量 β	建筑物损坏程度
1/750	对沉降敏感的机器的操作发生困难
1/600	对具有斜撑的框架结构发生危险
1/500	对不容许裂缝发生的建筑的安全限度
1/300	间隔墙开始发生裂缝
1/300	吊车的操作发生困难
1/250	刚性的高层建筑物开始有明显的倾斜
1/150	间隔墙及砖墙有相当多的裂缝
1/150	可挠性砖墙的安全限度（墙体高宽比 $L/H>4$）
1/150	建筑物产生结构性破坏

3. 建筑变形综合控制标准

正如1.4.2.1节所指出的，建筑受损的机理非常复杂，其发生破坏受多种因素的影响，采用单一变形控制指标不能从多方面对建筑破坏进行限制。从已建宁波轨道交通1、2号线地铁车站主体基坑的监测统计情况看，开挖导致房屋开裂的案例中，建筑沉降与倾斜基本都没有达到规范中的容许值，除去建筑在开挖前已发生较大变形和测量错误的可能，那么可知从建筑沉降与倾斜方面对建筑变形进行控制是不全面的，因此有必要从多种变形角度出发提出建筑变形的综合控制标准。

台湾地区在建设台北捷运时，提出了相应的建筑物容许变形值，根据不同类型的建筑物及基础形式，提出不同的变形控制值，且分别通过多个变形指标进行控制，包括最大沉降量、倾角、角变形及挠度比，具体如表 1-12 所示。

表 1-12　台北捷运建筑物容许变形值

基础类型	最大沉降量（mm）	倾角	角变形	挠度比（上拱）（10⁻⁴）	挠度比（下凹）（10⁻⁴）
钢筋混凝土筏形基础	45	1/500	1/500	8	12
钢筋混凝土独立基础	40	1/500	1/500	6	8
砖石独立基础	25	1/500	1/2500	2	4
临时建筑	40	1/500	1/500	8	12

Boscardin 和 Cording[16]研究发现开挖引起的侧向变形会减小建筑物竖直向的容许沉降量。具体而言，当建筑物的角变量较大，但水平应变不大时，建筑物损坏情况并不如想象的那样严重；相对而言，当角变量较小而水平应变较大时，仍可对建筑物造成较大的损坏。然而建筑水平或水平位移不易获得，故在实际工程中较少考虑这方面的变形控制要求。

波兰根据建筑物的破坏状况提出了不同的破坏等级，并给出相应破坏等级下的容许地表变形值，包括倾斜值、角变形及水平应变容许值，如表 1-13 所示。

表 1-13　建筑物破坏等级及容许变形值（波兰）

破坏等级	破坏状况	地表变形值		
		倾斜值（mm·m⁻¹）	角变形（10⁻³·m⁻¹）	水平应变容许值（mm·m⁻¹）
Ⅰ	建筑物不需要保护，允许墙上出现一些很小的无危害的裂缝，建筑物需要采取简单保护	2.5	0.05	1.5
Ⅱ	允许墙上出现一些容易修复的较小裂缝	5.0	0.083	3.0
Ⅲ	建筑物需要仔细保护，允许出现一些易修复的较大裂缝	10.0	0.166	6.0
Ⅳ	建筑物需要仔细保护，允许出现一些易修复的破坏	15.0	0.250	9.0
Ⅴ	不能建造建筑物，地表可能出现较大的裂缝塌陷坑	>15.0	>0.250	>9.0

4. 本书对建筑变形的控制标准的探讨

本书从建筑沉降、建筑角变量、桩顶水平位移及桩身弯矩等多角度出发提出建筑变形及内力的综合控制标准。

对于建筑沉降控制标准，相关规范与地区经验给出的沉降允许值都较大。前面已指出，这些建筑变形允许值是以建筑不发生结构损坏为前提提出的，而本书考虑建筑不发生美观破坏，故相关变形应比这些标准更为严格。由于没有可直接引用的规范规定，可从基坑施工期间（包括基坑开挖与车站结构施工）房屋沉降保持稳定这一角度提出房屋沉降的允许值。《建筑变形测量规范》（JGJ 8—2016）规定以最后 100d 的沉降速率小于 0.01～0.04mm/d 作为建筑稳定指标。以地铁车站基坑为例，一般车站主体基坑开挖约 200d，车站主体结构施工约 250d，附属基坑开挖与结构施工约 100d。以沉降速率小于 0.02mm/d 考虑，若房屋仅靠近车站主体基坑，则房屋沉降控制指标为 9mm；若房屋同时靠近车站主体与附属建筑物，则房屋沉降控制指标为 11mm。需要指出的是，以上房屋沉降控制指标并未考虑围护结构施工及地基加固等导致的房屋隆沉。从统计结果看，宁波地铁车站主体基坑周边的房屋沉降均值约 13.4mm，其中，沉降小于 9mm 的房屋 12 幢，发生裂缝的房屋仅有 1 幢。可见，本书的房屋允许沉降值是合理的也是可行的。对于软土地区车站基坑周边建筑，其变形控制标准见表 1-14，其他类型基坑可参考上述要求制定。

表 1-14　房屋变形控制指标参考值表

房屋与车站基坑关系	允许沉降控制值（mm）	角变形
靠近主体基坑	≤9	1/500
同时靠近主体与附属基坑	≤11	1/500

对于桩基础建筑，深基坑开挖导致的桩基础变形不容忽视。桩基础的最大变形位移往往与基坑挡墙最大侧移深度一致，较大的桩基础变形可能导致桩基础受损；另外，过大的桩顶位移及弯矩也会影响上部结构的安全。根据《建筑桩基技术规范》（JGJ 94—2008）[54]对桩顶水平位移允许值的规定："桩顶（承台）的水平位移允许值，当以位移控制时，可取 10mm，对于水平位移敏感的结构物取 6mm"。另外，按《混凝土结构设计规范》（GB 50010—2010）[55]可计算桩的受弯承载力设计值。综上所述，不同桩型的变形及内力控制指标见表 1-15。

表 1-15　房屋桩基础受力及变形控制指标参考值表

桩型	允许桩顶水平位移（mm）	允许最大弯矩（kN·m）
ϕ377 沉管灌注桩	≤6	35
ϕ426 沉管灌注桩	≤8	43
ϕ800 钻孔灌注桩	≤10	366

需要指出的是，桩基础为隐蔽工程，实际测量不易，故表 1-15 仅作为本书相关数值模拟结果的参考指标，不作为工程实际控制指标。

上篇 软土地区深基坑周边建筑变形预测与控制理论

2 地下连续墙施工对周边环境的影响分析

2.1 引言

邻近地铁设施的地下空间开发涉及众多外部作业行为，而地下桩墙施工往往是其他后续环节得以开展的前提和基础。在常规工程建设领域，一般认为桩墙施工对周边环境的影响相对较小，甚至可以忽略不计。但是，相关工程实测已表明，即使是非挤土的桩墙，其施工导致的变形量也非常可观，如地下连续墙成槽开挖至主体开挖之前的总变形量可达主体开挖总变形量的 40%～50%[56]。因此，本节基于某轨道交通深基坑工程，研究地下连续墙施工对周边环境的影响。

2.2 施工影响分析

2.2.1 工程概况

在某轨道交通深基坑西侧两幅地下连续墙中部外侧 2m 位置各布置 1 个深层水平位移和 1 个地表沉降监测点，针对试验幅开展跟踪监测。两幅地下连续墙挖槽施工时的槽长约 6.0m，槽宽 0.8m，槽深 40m。工作井基坑、周边建筑及监测点布置见图 2-1。

2.2.2 土体水平位移分析

CX1 测斜孔在 1 号试验幅泥浆护壁阶段和混凝土灌注阶段测得的土体水平位移分别见图 2-2 和图 2-3，图中水平位移向槽内为正，反之为负。

由图 2-2 可知，地下连续墙成槽引起的土体水平变形量较小，为 −1.05～2.16mm，水平位移值沿深度先增后减，最大水平位移在深度 5m 处，这可能是因为硬壳层土体、

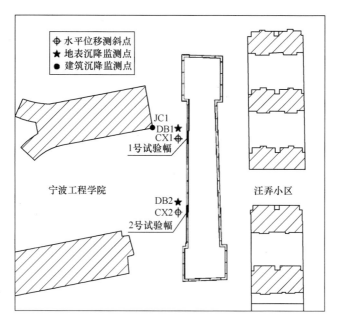

图 2-1　地下连续墙施工监测点布置图

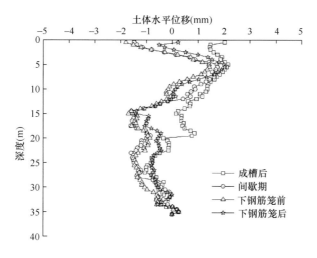

图 2-2　泥浆护壁阶段的土体水平位移

地表混凝土面层及搅拌桩槽壁加固限制了浅部土体位移。土体侧移在深度 20m 以上指向槽内，深度 20m 以下则向槽外，从槽壁受力角度进行分析，槽幅开挖后槽壁受向内的侧向土压力与向外的泥浆压力作用，本工程深度 20m 以上以软弱淤泥质土为主，侧向土压力大于泥浆压力，导致土体向槽内变形，深度 20m 以上土体物理力学性质好，导致深层土体位移向槽外变形。在地下连续墙施工间歇期（成槽后约 8h），由于土体应力重分布及蠕变影响，土体水平位移背向地下连续墙方向发展，变形范围为 $-1.79\sim1.43$mm，且主要发生在深度 20m 以上范围，可见软土变形的时间效应显著。地下连续墙下钢筋笼后，土体水平位移向槽内有一定程度的回复。

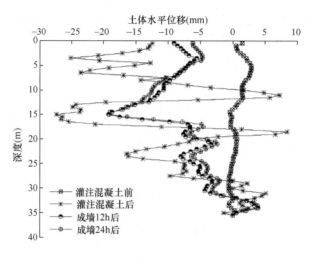

图 2-3　混凝土灌注后的土体水平位移

由图 2-3 可知，地下连续墙灌注混凝土前，土体水平变形较小，变形量为 $-0.63 \sim$ 2.89mm，地下连续墙施工对周边土体的影响最大值发生在混凝土灌筑后，由于混凝土灌注对槽壁的冲击，土体沿深度方向变化幅度很大，但大部分变形为背向地下连续墙方向，变形量为 $-27.36 \sim 8.42$mm，最大变形在深度 15m 处，即淤泥质粉质黏土层中。同样从槽壁受力角度分析，流态混凝土对于槽壁的侧向压力大于土体对槽壁的侧向压力，导致土体产生了背向地下连续墙的变形。在地下连续墙深度为 10m 和 20m 处，土体向槽内变形，不难发现对应深度分别为砂质粉土和粉质黏土层，土体性质较好，抵抗槽壁压力下变形的能力强。在地下连续墙成墙 12h 后，由于混凝土的硬化收缩作用，土体水平变形向槽内逐渐回复，水平变形为 $-19.17 \sim 3.97$mm，且水平位移沿深度变化相对平缓，但最大水平变形仍位于深度 15m 处，原好土层位置的侧移增大。在地下连续墙成墙 24h 后，变形向槽内仍有微量回复，水平变形为 $-19.08 \sim 3.85$mm，水平位移曲线和地下连续墙成墙 12h 时相似，可见地下连续墙在成墙 12h 后，土体水平变形已趋于稳定。

图 2-4 为地下连续墙施工阶段（CX2 测斜孔在 2 号试验幅成槽阶段和混凝土灌注阶段）测得的土体水平位移。与 CX1 孔的数据不同，该侧土体在成槽后即发生了朝向槽壁外的变形，最大值 -17.66mm 位于顶部，考虑 CX1 孔与 CX2 孔位置土层分布情况变化不大，故认为造成两孔数据差异的原因在于成槽施工对土体的扰动。文献[57] 指出成槽阶段机械的碰撞、泥浆冲击槽壁及施工引起的负孔压等因素都可能导致土体向槽壁外发展。在地下连续墙施工间歇期（灌注混凝土前），土体朝向槽壁外的变形进一步增大，但最大位移从顶部下移至约 13m 处。灌注混凝土后，13m 以上土体水平位移增加显著，而 13m 以下变化较小，水平变形为 $-15.99 \sim 3.51$mm，这与该墙幅混凝土灌注期间减慢灌注速率有关。在地下连续墙成墙 12h 后，土体水平变形向槽内回复，水平变形为 $-10.26 \sim 4.17$mm。从以上分析可知，除成槽阶段土体变形方向存在差异外，CX1 孔与

CX2 孔反映的地下连续墙施工对邻近土体的影响规律基本一致。

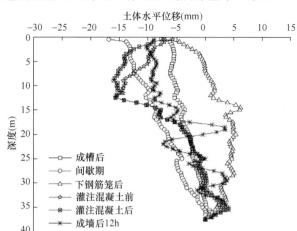

图 2-4 地下连续墙施工阶段的土体水平位移

图 2-5 为所有地下连续墙施工完毕后 CX1 孔与 CX2 孔获得的土体水平位移曲线。由图 2-5 可知，所有地下连续墙施工完毕后的土体水平位移曲线与单幅地下连续墙施工后的位移曲线相比变化不大，主要变形范围 $-16.5 \sim 11.7$mm，但是深度 20m 处土体水平位移存在朝地下连续墙方向的变形峰值。由土层分布可知，场地 20m 深度左右存在 5-1T 层，该层为宁波典型的承压水层，当混凝土硬化后，由于失去流态混凝土对该层压力的约束，承压水可能外渗进入混凝土与土体界面，由此带动该层土体朝向地下连续墙方向变形。与常规认为的多幅地下连续墙施工将导致土体变形叠加的情况不同，最终的土体水平位移最大值与单幅地下连续墙导致的土体水平位移最大值相差不大。这是因为本工程为保证单幅地下连续墙施工监测数据不受其他墙幅施工影响，采取了试验幅施工期间，其两侧各两幅地下连续墙不允许施工的限制措施；另外，以上数据也反映出单

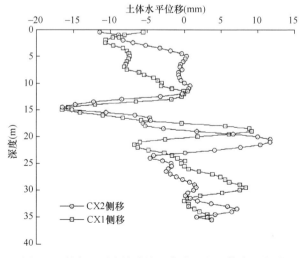

图 2-5 所有地下连续墙施工完毕后的土体水平位移

幅地下连续墙施工的影响范围是有限的。

2.2.3 土体及建筑竖向位移分析

距离地下连续墙 2m 位置的地表竖向位移随工况变化曲线如图 2-6 所示。由图 2-6 可知,测点 DB1 位置在地下连续墙成槽完成后产生−3.7mm 的沉降;灌注混凝土后,由于混凝土对槽壁的挤压,使地表产生约 2mm 的隆起,但在混凝土硬化回缩后转为沉降;但 DB2 位置在地下连续墙施工期间表现为持续的沉降变形,这可能是该点靠近施工堆载区导致的。所有地下连续墙施工完成后两点的竖向位移接近,约 6.5mm。从实测结果看,地下连续墙施工对土体水平位移的影响要大于竖向位移。

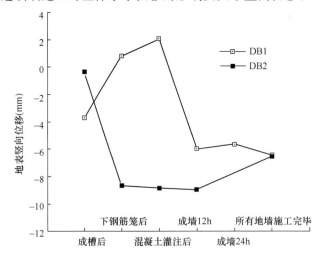

图 2-6　地下连续墙施工阶段的地表竖向位移

距离地下连续墙 14m 位置的建筑竖向位移在地下连续墙施工期间的变化曲线如图 2-7 所示。由图 2-7 可知,测点 JC1 在 1 号试验幅施工(12-11)之前为隆起变形,1

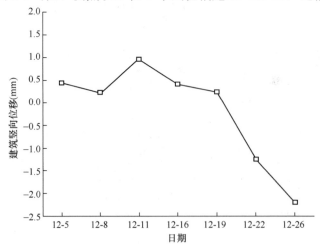

图 2-7　地下连续墙施工阶段的建筑竖向位移

号试验幅施工期隆起量进一步增大，其后隆起逐渐减小并转为沉降，地下连续墙全部施工完毕后沉降量达到最大，为 2.2mm。建筑竖向位移（JC1）的变化规律与地表竖向位移（DB1）的变化规律较为一致。

2.2.4 数值模拟

2.2.4.1 模型构建与验证

构建地下连续墙施工三维有限元模型，见图 2-8。模型尺寸为 $160m \times 160m \times 100m$，其中墙深 40m，墙厚 0.8m，模型总计 17454 单元，8990 节点。模型几何边界条件为标准边界，底边全约束，地表自由边界，竖向侧边为水平约束。土体本构模型 HS 模型，土体计算参数见表 2-1。

地下连续墙施工模拟步骤如下：

第一阶段：模拟地下连续墙成槽。将土体单元移除的同时，施加泥浆压力。

第二阶段：灌注液态混凝土，通过改变加载开挖暴露面的压力来模拟。

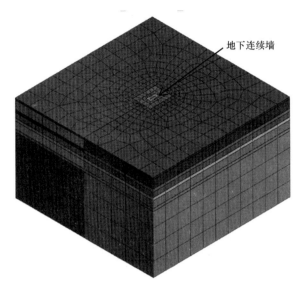

图 2-8 地下连续墙施工三维有限元模型

第三阶段：混凝土硬化，通过生成相应的混凝土单元来模拟，同时去掉所有压力。

表 2-1 地下连续墙施工模拟中的土体计算参数

土层编号	土层	重度 γ （kN/m³）	黏聚力 c （kPa）	内摩擦角 φ （°）	切线刚度 E_{oed}^{ref} （MPa）	割线刚度 E_{50}^{ref} （MPa）	卸载/加载刚度 E_{ur}^{ref} （MPa）
1	黏土	17.9	14.2	23.6	3.3	3.3	9.9
2-2b	淤泥质黏土	17.3	9.2	13.0	2.02	3.0	6.06
3	砂质粉土	19.1	20.5	11.3	8.4	8.4	25.2
5-1b	粉质黏土	19.0	19.5	36.6	4.9	4.9	29.3
5-1T	黏质粉土	18.8	24.0	12.0	6.4	6.4	38.5
5-4a	粉质黏土	18.6	18.2	27.7	4.4	4.4	26.4
5-4b	粉质黏土	19.3	25.6	12.60	8.9	8.9	53.4
6-3a	黏土	18.3	19.8	39.5	4.8	4.8	28.8

取有限元模型中地下连续墙壁外 2m 处节点的深层土体水平位移值与实测的深层土

体位移值比较，见图 2-9。

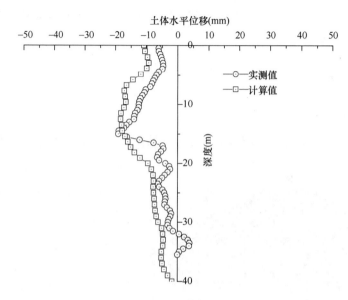

图 2-9 地下连续墙外深层土体水平位移计算值和实测值对比

由图 2-9 可知，有限元计算得到距离地下连续墙外 2m 处的深层土体位移为背离槽壁方向，随着深度增大深层土体位移表现为先增大后变小的规律，沉降最大值为18.3mm，发生在埋深约 13m 处，随着下部好土层的深度增加，深层土体位移值逐渐减小。根据计算得到的沉降曲线可知，土层分布对深层土体位移影响较大。实测得到墙外2m 处最大深层土体位移约为 19.0mm，埋深约为 15m。数值计算得到的深层土体位移可基本包络实测值，故认为本节中三维有限元模型土体及地下连续墙施工参数是合理的。

2.2.4.2 模型试验分析

1. 试验方案

为研究地下连续墙不同墙厚、墙深、墙幅数及土层性质对周边隧道的影响，表 2-2给出了隧道距离地下连续墙 5m 时建模方案。同时，为了研究地下连续墙施工影响范围，在建模过程中又分别对距离地下连续墙 5m、10m、15m、20m、30m、40m 的隧道进行计算分析，因此共建立了 60 个三维有限元模型。土体本构模型采用修正 Mohr-Coulomb 模型，土体参数信息见表 2-3，其中土层压缩模量等于 2MPa 和 5MPa 代表宁波地区典型软土模量，土层压缩模量等于 10MPa 代表杭州地区典型粉砂土模量。地下连续墙施工模拟步骤及施工参数同上，模型中隧道埋深 16m，外径 6.2m，隧道衬砌厚度为 350mm，图 2-10 为最终建立的三维有限元模型之一，模型尺寸为 160m×160m×100m，模型总计 47531 单元，21947 节点。隧道水平向位移以远离地下连续墙方向为正，竖向位移以重力相反方向为正。

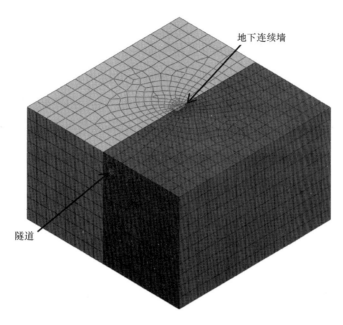

图 2-10 地下连续墙数值试验三维有限元模型

表 2-2 隧道距离地下连续墙 5m 建模方案

	墙厚 （mm）	墙深 （m）	土层压缩模量 （MPa）	墙幅数 （幅）
模型一	600	40	5	1
模型二	800	40	5	1
模型三	1000	40	5	1
模型四	1200	40	5	1
模型五	800	30	5	1
模型六	800	50	5	1
模型七	800	60	5	1
模型八	800	40	2	1
模型九	800	40	10	1
模型十	800	40	5	21

表 2-3 地下连续墙数值试验土体参数

土层分类	重度 γ （kN/m³）	黏聚力 c （kPa）	内摩擦角 φ （°）	切线刚度 E_{oed}^{ref} （MPa）	割线刚度 E_{50}^{ref} （MPa）	卸载/加载刚度 E_{ur}^{ref} （MPa）
1	16.7	11.4	7.9	2	2	6
2	18.5	13.0	11.1	5	5	15
3	18.7	7.2	30.6	10	10	30

2. 施工影响分析

（1）地下连续墙墙厚变化对周边隧道影响规律（模型一、二、三、四对比）

不同墙厚和距离情况下隧道最大水平位移见图 2-11。由图 2-11 可知，随着隧道和地下连续墙的距离增加，不同墙厚的地下连续墙施工引起隧道的最大水平位移值增大而逐渐减小，且变化规律逐渐趋于收敛；隧道与地下连续墙距离相同时，随地下连续墙厚度增加，隧道最大水平位移增加量较小。

不同墙厚和距离情况下隧道最大沉降见图 2-12。由图 2-12 可知，随着隧道和地下连续墙的距离增加，不同墙厚的地下连续墙施工引起隧道的最大沉降值逐渐减小，且变化规律逐渐趋于收敛，地下连续墙越厚，隧道最大沉降减小得越快；隧道与地下连续墙距离相同时，隧道最大沉降值随地下连续墙墙厚增加而增大，隧道与地下连续墙距离越小，增大得越快。

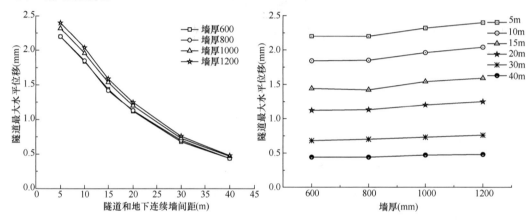

图 2-11 不同墙厚和距离情况下隧道最大水平位移

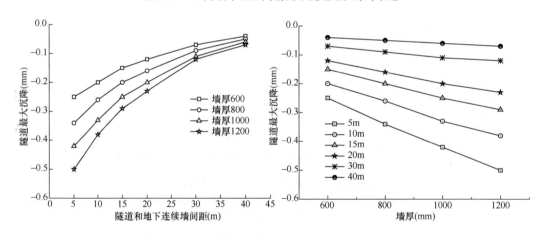

图 2-12 不同墙厚和距离情况下隧道最大沉降

（2）地下连续墙墙深变化对周边隧道影响规律（模型二、五、六、七对比）

不同墙深和距离情况下隧道最大水平位移见图 2-13。由图 2-13 可知，随着隧道和地下连续墙的距离增加，不同墙深的地下连续墙施工引起隧道的最大水平位移值呈线性减小，墙深越深，隧道最大水平位移减小得越快；隧道与地下连续墙距离相同时，隧道最大水平位移值随墙深增加呈线性增长，隧道与地下连续墙距离越小，增长速率越大。

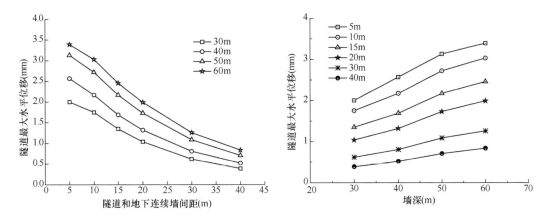

图 2-13　不同墙深和距离情况下隧道最大水平位移

不同墙深和距离情况下隧道最大沉降见图 2-14。由图 2-14 可知，随着隧道和地下连续墙的距离增加，不同墙深的地下连续墙施工引起隧道的最大沉降值逐渐减小，且变化规律逐渐趋于收敛；隧道与地下连续墙距离相同时，隧道最大沉降值随墙深增加而略有增大，增加量较小，当地下连续墙深度 50m 和 60m 时，隧道沉降值相等，可见，当地下连续墙达到一定深度时，再增加地下连续墙的深度对隧道的沉降影响较小。

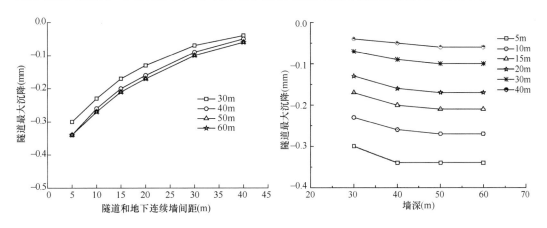

图 2-14　不同墙深和距离情况下隧道最大沉降

（3）土层模量对周边隧道影响规律（模型二、八、九对比）

不同土层模量和距离情况下隧道最大水平位移见图 2-15。由图 2-15 可知，随着隧道和地下连续墙的距离增加，地下连续墙施工引起隧道的最大水平位移值均逐渐减小，且变化规律逐渐趋于收敛，土层模量越小，隧道最大水平位移减小得越快；隧道与地下连续墙距离相同时隧道最大水平位移值随土层模量增加而减小，隧道与地下连续墙距离越小，减小速率越大。

不同土层模量和距离情况下隧道最大沉降见图 2-16。由图 2-16 可知，随着隧道和地下连续墙的距离的增加，不同土层模量的地下连续墙施工引起隧道的最大沉降值均逐渐减小，且变化规律逐渐趋于收敛，土层模量越小，隧道最大沉降减小得越快；隧道与地下连续墙距离相同时，隧道最大沉降值随土层模量增加而减小，隧道与地下连续墙距离越小，减小速率越大。

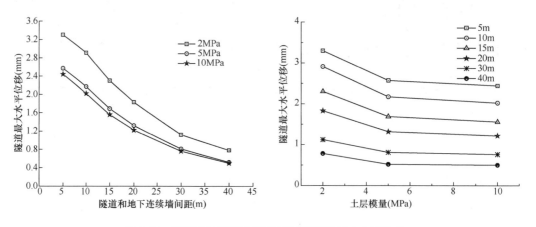

图 2-15　不同土层模量和距离情况下隧道最大水平位移

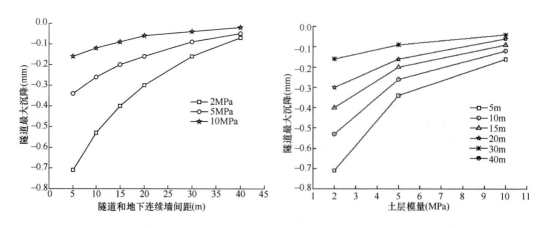

图 2-16　不同土层模量和距离情况下隧道最大沉降

（4）地下连续墙幅数对周边隧道影响规律（模型十）

地下连续墙与隧道不同距离情况下隧道最大变形（水平位移、沉降）与墙幅数关系见图 2-17。由图 2-17 可知，随着幅数的增加，地下连续墙施工引起隧道的最大水平位移和最大沉降逐渐增加，且变化规律逐渐趋于收敛。

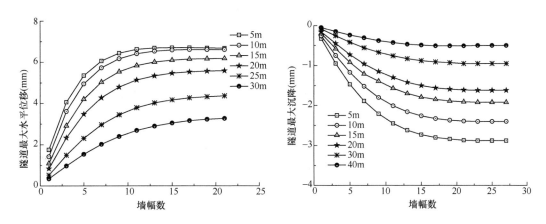

图 2-17　不同距离和墙幅数情况下隧道最大变形

3 基坑及基坑周边建筑变形的预测与模拟

深基坑开挖不可避免地会导致周边土层位移，进而对邻近建筑物产生影响。深基坑设计与施工不仅要保证基坑围护结构安全及稳定，也要控制基坑周边土体位移及周边环境变形在合理的范围内。因此，在深基坑围护设计阶段，有必要对基坑支护结构及基坑周边建筑变形进行预测。目前，相关预测方法主要有经验法、半经验法及数值模拟法等。经验法和半经验法是在理论研究的基础上，基于大量的现场监测数据或有限元法提出经验、半经验公式或理论，可以较容易获得围护结构位移及地表沉降。数值方法是利用杆系有限元法或连续介质有限元法，选用适宜的本构模型，模拟基坑开挖过程并获得围护结构及周边土体内力和位移的方法。

3.1 基坑开挖引起周边建筑沉降的预测方法[58]

3.1.1 围护结构水平位移预测

基坑开挖期间围护结构水平位移的估算方法主要有开挖深度估算法和稳定安全系数法。根据开挖深度估算常常根据不同地区工程经验确定，在不同土层、不同围护结构形式、不同施工工法等情况下，围护结构水平位移与开挖深度有不同的对应关系，此方法常用于对围护结构水平位移的粗略估算。

稳定安全系数法是 Mana and Clough[59] 提出的利用坑底抗隆起安全系数估算围护墙最大水平位移的方法。工程经验表明，围护结构最大水平位移与抗隆起安全系数有一定的关系，并可以根据工程实测建立特定区域内归一化围护结构最大水平位移与抗隆起安全系数之间的函数关系，因此可根据计算所得的抗隆起安全系数获得相应的围护结构最大水平位移。所求的围护结构最大水平位移是针对特定土质、围护结构形式的，为便于推广应用，可对围护结构最大水平位移从围护墙刚度和支撑间距、支撑刚度和间距、硬土层埋深、基坑宽度、土体模量等方面进行修正。

3.1.2 基坑周边地表沉降预测

基坑开挖引起地表沉降的估算方法主要有[60]Peck 经验曲线法、地层损失法、可靠度法、稳定安全系数法及时空效应法等。但其中多数方法由于理论或操作上的难度而未能在工程中得到广泛应用,而假定地表沉降曲线的分布模式的计算方法仍是基坑周边地表沉降预测的主流方法。目前提出的地表沉降曲线的分布模式主要有抛物线分布、三角形分布、正态分布以及它们的组合分布等。需要指出的是,基于沉降分布曲线的计算方法的可靠性依赖于不同地区的工程经验;换言之,这类方法的适用性往往受地域限制。

聂宗泉等[10]基于上海、南京、天津等多个深基坑沉降的实测数据的整理与分析,提出按偏态分布密度函数拟合基坑周围地表沉降曲线的方法,并导出了软土地区深基坑开挖引起地表沉降的估算公式。刘小丽等[11]对基于正态分布和偏态分布的地表沉降估算方法做了改进,而通过两类方法的计算结果与工程实测结果的比较发现,将地表沉降曲线视为偏态分布模式的计算结果整体上更接近于工程实测地表沉降。

鉴于基坑周边地表沉降分布模型更接近于偏态分布的工程事实,本节在文献[10-11]的基础上,充分考虑软土地区基于大量实测数据得出基坑变形规律,提出一种适用于软土地区基坑施工引起基坑周边地表沉降的预测方法。

基坑周边地表沉降的偏态分布示意图见图 3-1,偏态分布公式可表示为:

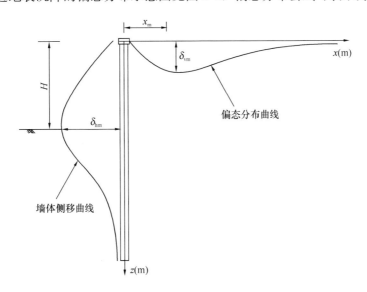

图 3-1 基坑周边沉降偏态分布示意图

$$\delta_{\mathrm{v}}(x) = \frac{S_{\mathrm{v}}}{\sqrt{2\pi}\lambda x}\exp\left[-\frac{1}{2}\left(\frac{\ln(x/2x_{\mathrm{m}})}{\lambda}\right)^2\right] \tag{3-1}$$

式中,$\delta_{\mathrm{v}}(x)$ 为基坑周边 x 处的地表沉降量,x_{m} 为地表最大沉降点距坑边的距离,S_{v} 为沉降曲线的包络面积,λ 为经验系数。

由上式可知,要获得基坑周边 x 处的地表沉降,需先确定 x_{m}、λ 与 S_{v} 这三个参数,以下就这三个参数的取值依次进行讨论。

1. 地表最大沉降点距坑边的距离 x_m

根据以往工程经验，地表最大沉降点距坑边的距离 x_m 与基坑开挖深度 H 之间存在一定的比例关系，可表示为：

$$x_m = \alpha H \tag{3-2}$$

式中，α 为比例系数。文献[10-11]根据插入比的不同给出了 α 的不同取值范围。但根据软土地区深基坑工程的统计结果，α 与插入比之间并没有显著相关性，故这里不再以插入比区分 α 的取值。刘晓虎[61]对上海和宁波地区地铁车站深基坑的监测数据进行过统计，其中 α 的均值分别为 0.83 和 0.46；根据文献[61]的结论，软土地区一般基坑工程 α 的均值约为 0.8。因此，软土深基坑工程中取 $\alpha = 0.8$。

2. 系数 λ

文献[10]将 λ 视为经验系数，对于软土地区的基坑工程，取 $\lambda = 0.6 \sim 0.7$。实际上，根据地表沉降的偏态分布曲线在地表沉降最大位置存在极值这一特点，系数 λ 可由下式求得[11]：

$$\delta_v'(x_m) = 0 \tag{3-3}$$

式中，$\delta_v'(x_m)$ 为地表沉降 $\delta_v(x)$ 关于 x 的一阶导数。由上式可得，$\lambda = \sqrt{\ln 2} = 0.83$。

3. 沉降曲线的包络面积 S_v

较早的一些研究[1-3]认为单位宽度下地表沉降引起的地层损失体积（沉降曲线的包络面积 S_v）与墙体位移面积 S_h 相等。而根据工程经验，多数学者认为 S_v 与 S_h 之间存在一定的比例关系且不同地区的比例关系不同。对软土地区的深基坑工程，S_v 与 S_h 的比值在 $1 \sim 3$。可见，S_v 与 S_h 之间的关系存在较大的不确定性；另外，采用一般的基坑变形计算方法无法直接求得 S_h，所以由 S_h 求 S_v 的方法并不简便。借鉴文献[11]的思路，围护墙最大水平位移 δ_{hm} 与地表最大沉降 δ_{vm} 的关系相对稳定，可得：

$$\delta_v(x_m) = \delta_{vm} = \kappa \delta_{hm} \tag{3-4}$$

式中，κ 为比例系数。与常规基坑 κ 大多小于 1 的情况不同，从文献[61]统计结果来看，对于宁波软土地区地铁车站基坑，κ 的均值为 1.71，从第 6 章的统计结果看，κ 的均值约等于 2.2。鉴于此，软土深基坑工程中取 $\kappa = 2.2$。

将式（3-4）代入式（3-1）可得：

$$S_v = 5.19 h \delta_{hm} \tag{3-5}$$

将以上给出的参数值代入式（3-1），最终的地表沉降偏态分布表达式为：

$$\delta_v(x) = \frac{2.494 h \delta_{hm} \exp\left[-0.726\left(\ln\left(0.625\frac{x}{h}\right)\right)^2\right]}{x} \tag{3-6}$$

将基坑开挖深度 h、支护结构最大水平位移 δ_{hm} 及沉降计算点坐标 x 代入上式，即可求得相应位置的地表沉降量。

3.1.3 浅基础建筑的沉降预测

对于紧邻基坑的浅基础建筑，基坑周边地表沉降往往能直观地反映对应位置的建筑沉降，但将基坑周边地表沉降直接作为建筑沉降预测方法的合理性仍值得探讨。龚东庆[24] 认为，结构与地基土之间的相互作用会调整建筑物的差异沉降量，故建筑实际沉降会略小于预测值，预测结果偏于保守。王浩然等[27] 同样认为，建筑物具有一定刚度，其刚度的影响会使得实际地表沉降略小于自由地表下的沉降；但是，考虑建筑物自重对基坑而言又是一种超载，其作用会导致实际沉降略大于自由地表沉降，因此，地表沉降与对应位置的建筑沉降相差不大。刘念武等[37] 通过对某基坑工程的实测发现，基坑边 2~3 层建筑的沉降变化趋势与地表沉降的变化趋势较为接近，但对于基坑边 5 层建筑，两者的沉降差距较大。该实测结果一定程度上印证了文献[27] 的论述，但不难发现，当建筑物自重（层数）超过某一限值后，由建筑物自重作用下的沉降增加量将超过建筑基础刚度影响下的沉降减小量；换言之，此时的基坑周边地表沉降将小于对应位置的建筑沉降。

参考以上研究成果，对于基坑开挖引起的浅基础建筑的沉降预测，当建筑层数小于一定值（如 3 层）时，认为基坑周边地表沉降与建筑沉降一致，故可以根据实际情况计算围护墙最大侧移，并利用式（3-6）估算建筑沉降；当建筑层数超过限定值时，可将超过的层数折算为基坑周边超载重新计算围护墙最大侧移，以此计算得到的基坑周边沉降来估算建筑沉降。邻近基坑的浅基础建筑沉降预测示意图见图 3-2。

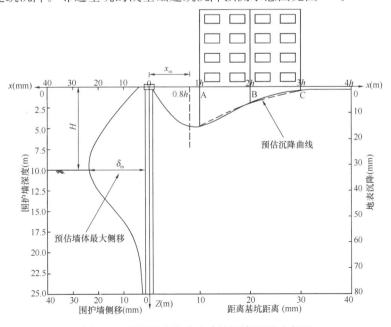

图 3-2　基坑周边浅基础建筑沉降预测示意图

实际上，基坑开挖引起的建筑变形包括旋转变形（倾斜）和扭曲变形（角变量）。若上部结构刚度较大，建筑变形以旋转变形为主，此时应关注建筑倾斜破坏；反之，建筑变形以扭曲变形为主，从而造成建筑开裂。软土地区的浅基础建筑主要为砖混结构且层数较少，其上部结构刚度不大，所以可根据建筑角变量判断建筑的受损情况。在不考虑建筑旋转变形的情况下，角变量可由下式求得：

$$\beta = \frac{\Delta\delta}{L} \tag{3-7}$$

式中，β 为角变量，$\Delta\delta$ 和 L 分别代表相邻基脚间的差异沉降和距离。

Bjerrum[54] 根据前人的研究成果并结合自己的观测资料，总结了建筑损坏与角变量之间的关系，如表 3-1 所示。后续研究[15-16]得出的建筑变形容许量与表 3-1 的建议值接近，文献[26]认为该表适用于坐落于任何土层的钢筋混凝土框架结构和砖混结构，也适合于独立基础或筏板基础的建筑物。

表 3-1　角变量与建筑损坏程度的关系[54]

角变量 β	建筑损坏程度
1/750	对沉降敏感的机器的操作可能困难
1/600	对具有斜撑的框架结构可能发生危险
1/500	不容许产生裂缝的建筑的容许极限
1/300	间隔墙开始发生裂缝，吊车操作困难
1/250	刚性高层建筑开始有明显倾斜
1/150	间隔墙及砖墙产生相当多的裂缝，可挠性砖墙容许极限，建筑产生结构性破坏

3.1.4　桩基础建筑的沉降预测

基坑开挖时，桩基础建筑的沉降变形与浅基础建筑有显著不同。文献[35-36]的实测结果显示，不同基础形式对于深基坑开挖引起建筑变形的抵抗能力不同，桩基础在这方面要优于浅基础。相比于浅基础，桩基础与地基土相互作用机理更为复杂，所以目前关于基坑开挖引起桩基础建筑沉降的预测方法还未见报道。

为将问题进行简化，做如下假定：①地基为 Winkel 地基，即将地基土与桩体视为具有不同刚度的弹簧；②基坑开挖引起的地表沉降与地表在某分布力作用下产生的沉降等效；③建筑的存在只影响建筑所在区域的沉降，其他区域的地表沉降与不存在建筑时相同。紧邻基坑的桩基础建筑沉降预测示意见图 3-3。

根据能量守恒原理，可得：

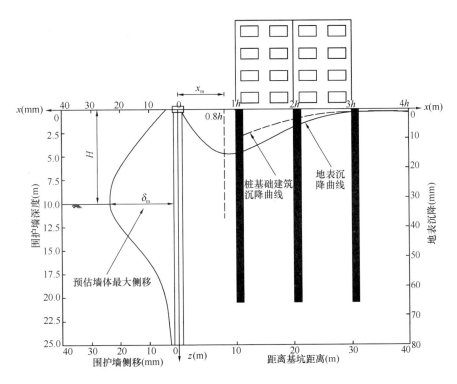

图 3-3 基坑周边桩基础建筑沉降预测示意图

$$\frac{1}{2}\int_{x_a}^{x_b} K_s \delta_v^2(x)\,\mathrm{d}x = \frac{1}{2}\int_{x_a}^{x_b} K_{sp}\delta_b^2(x)\,\mathrm{d}x \tag{3-8}$$

式中，K_s 和 K_{sp} 分别为地基土和桩-土地基的基床系数；$\delta_v(x)$ 和 $\delta_b(x)$ 分别为 x 位置的地表沉降和建筑沉降；x_a 和 x_b 为建筑近端和远端离基坑边的距离。

以下对式（3-8）中的各参数进行说明：

1. 基床系数 K_s 与 K_{sp}

将桩基的存在视为对原地基的加固，K_{sp} 可通过下式计算：

$$K_{sp} = mK_p + (1-m)K_s \tag{3-9}$$

式中，K_p 为桩的基床系数，m 为单桩的面积置换率。

文献[62]给出了不同类型桩与土的基床系数取值范围。其中，穿过软弱土层达到密实砂层或黏土层的桩的基床系数 K_p 的变化范围为 $5 \times 10^4 \sim 15 \times 10^4\,\mathrm{kN/m^3}$，淤泥质土的基床系数 K_s 的变化范围为 $0.1 \times 10^4 \sim 0.5 \times 10^4\,\mathrm{kN/m^3}$。由于缺少软土地区基床系数取值的经验，因此取以上给出范围的最小值，由此可得桩与土的基床系数的比值 $\chi = K_p/K_s = 50$。对于单桩的面积置换率 m，在无实际桩基设计资料的情况下，可先根据桩长及桩径资料、土层情况、单层建筑面积等进行估算。

2. 沉降 $\delta_v(x)$ 和 $\delta_b(x)$

地表沉降 $\delta_v(x)$ 可由式（3-6）计算，地表沉降乘以折减系数 η 为对应位置的建筑沉降，则有：

$$\delta_b(x) = \eta\delta_v(x) \qquad (3\text{-}10)$$

由软土地区的实测结果可知，对于紧邻基坑的桩基础建筑，地表沉降越大，桩基抵抗变形的能力越大，即折减系数 η 值越小；当超过基坑开挖影响范围后，建筑沉降与地表沉降接近。假设 η 在基坑开挖影响范围内呈线性增加，则：

$$\eta(x) = (1-\eta_0)\frac{x-0.8H}{3.2H}+\eta_0, \quad (0.8H \leqslant x \leqslant 4H) \qquad (3\text{-}11)$$

$$\eta(x) = 1, \quad (x > 4H) \qquad (3\text{-}12)$$

式中，η_0 为 $x=0.8H$ 处的折减系数。

3. 积分范围 x_a 和 x_b

由上可知，当建筑远端超过 $4H$ 时，建筑沉降与地表沉降接近，无须考虑桩基存在的影响，故

$$\text{当 } x_b > 4H \text{ 时，} x_b = 4H \qquad (3\text{-}13)$$

当建筑近端小于 $0.8H$ 时，折减系数随 x 的减少而增大，这与 $x \geqslant 0.8H$ 时的折减系数的变化情况相反，为便于后续计算，只对 $x \geqslant 0.8H$ 的那部分地基进行积分，即：

$$\text{当 } x_a > 0.8H \text{ 时，} x_a = 0.8H \qquad (3\text{-}14)$$

而对于 $x < 0.8H$ 的折减系数，考虑按 $x=0.8H$ 为对称轴，取离 $x=0.8H$ 为相等距离的另一侧的折减系数，即 $\eta(x) = \eta(1.6H-x)$，$(x < 0.8H)$。

将式（3-9）～式（3-12）代入式（3-8），经整理可得：

$$\int_{x_a}^{x_b}\left\{1-(m\chi+1-m)\left[(1-\eta_0)\frac{x-0.8H}{3.2H}+\eta_0\right]^2\right\}\delta_v^2(x)\mathrm{d}x = 0 \qquad (3\text{-}15)$$

由上式可计算出 η_0，将 η_0 代入式（3-11）可得出各点的折减系数，再式（3-10）得出各点的建筑沉降。

3.2 基坑及基坑周边建筑变形的数值分析

3.2.1 有限元建模

利用岩土与隧道有限元分析软件 MIDAS/GTS 对以上具有代表性的软土地区狭长型深基坑工程进行数值建模。为简化计算和方便建模，有如下假定：

（1）土层及其他围护体为连续、均质、各向同性的材料；

（2）基坑开挖一般属临时性工程，施工工期较短，故按不排水条件进行总应力

分析；

(3) 土体为弹塑性材料，采用硬化土模型模拟，且不考虑体积的膨胀；

(4) 支护结构采用线弹性材料；

(5) 土体与结构保持紧密接触，不考虑变形缝；

(6) 初始应力仅考虑土体自重，忽略构造应力。

为了提高有限元模型计算效率，土体采用平面应变有限元方法模拟，支护结构的排桩、地下连续墙选用一维梁单元模拟；围梁、支撑选用梁单元模拟；邻近建筑工程桩采用植入式梁单元模拟，地上框架结构的梁、柱采用梁单元模拟，砌体承重结构的墙体采用板单元模拟。模型的尺寸设置满足坑边至模型侧边的距离不小于 5 倍基坑开挖深度，而坑底至模型底边的距离不小于 4 倍基坑开挖深度。

在对模型的网格划分过程中，因基坑支护结构及周边土体是重点研究对象，故该区域网格细分，而对于模型其他编辑区域，在基坑施工过程中的变化较小，为节省计算资源，网格向边界方向线性梯度逐渐变大。模型底边界约束水平和竖直方向位移，左右侧边界约束水平位移，顶部边界自由。模型以水平向右为 x 轴正向，竖直向上为 y 轴正向，如无特别说明，计算结果中位移单位为 m，应力单位为 kPa，且以受拉为正。

3.2.2 土体本构模型

岩土本构关系研究发展至今已诞生了数以万计的本构模型，然而并没有哪一种模型是万能的。在工程应用时，岩土本构模型的选择应综合考虑岩土的区域特性、工程自身特点，并结合当地工程经验。对于敏感环境下的基坑工程，能考虑黏土的塑性和应变硬化特征、能区分加荷和卸荷且刚度依赖于应力水平的硬化类弹塑性模型较为合理[63]。

硬化土（Hardening-Soil）模型[64]可以模拟遵循幂次法则的非线性弹性模型和弹塑性模型的组合情况，也可以较好地反映出土体的应力状态和应力路径对土体本身刚度的影响，它不仅可以像 Duncan-Chang 模型一样合理地体现土体的非线性变形，还可以如 Mohr-Coulomb 模型那样方便地计算土体强度，是基坑开挖分析中较为理想的本构模型。因此，采用这一模型开展相关的数值分析工作。

修正 Mohr-Coulomb 模型参数及取值见表 3-2。由表 3-2 可知，模型参数 c、φ、ψ 一般可根据试验或经验确定；m、p^{ref}、K_0 的取值可参考国内外高质量的参考文献或公式，有较高的可信度；模量参数 $E_{\mathrm{oed}}^{\mathrm{ref}}$、$E_{\mathrm{ur}}^{\mathrm{ref}}$、$E_{50}^{\mathrm{ref}}$ 则需借助于专门的试验获得，而参数敏感性分析显示，它们正是有限元模拟基坑开挖时较为敏感的参数。然而，目前针对硬化土类模型参数的试验研究极少[65]，针对软土地区典型土层的修正 Mohr-Coulomb 模型参数的试验研究鲜见报道，故有必要利用参数反演手段初步确定模量参数 $E_{\mathrm{oed}}^{\mathrm{ref}}$、$E_{\mathrm{ur}}^{\mathrm{ref}}$、$E_{50}^{\mathrm{ref}}$。参考文献[65-69]的研究成果，首先确定任意土层的三个模量参数的初始比例关系，实际可

仅对 E_{ur}^{ref} 进行反演。

表 3-2　硬化土模型参数及取值

模型参数	取值方法
内聚力 c	根据三轴固结排水或三轴固结不排水试验确定，也可根据
内摩擦角 φ	实际经验确定。本书采用相应地质勘察报告给出的建议值。
剪胀角 ψ	对于软土，取 $\psi = 0°$
割线刚度 E_{50}^{ref}	由三轴固结排水剪切试验确定
切线刚度 E_{oed}^{ref}	由标准固结试验确定
卸载/重新加载刚度 E_{ur}^{ref}	由三轴固结排水加载-卸载-再加载试验确定
刚度应力水平幂指数 m	软黏土，m 取 1.0；砂土和粉土，m 取 0.5 左右
泊松比 ν	对软土地区典型土层，为 0.3～0.4
刚度的参考应力 p^{ref}	一般试验条件采用 100kPa
正常固结下 K_0 值	可采用 $K_0 = 1 - \sin\varphi$

3.2.3　位移反分析[70]

1. 人工神经网络原理

人工神经网络[71]是基于模仿大脑神经元网络及其活动规律而形成的一种大规模非线性自适应信息处理系统。更通俗而言，人工神经网络就是在输入与输出之间构建一个"暗箱"，通过对试验样本的学习和记忆，找出输入和输出之间的联系，即两者的映射关系。

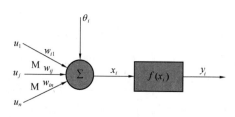

图 3-4　神经元结构示意图

整个神经网络由输入层、隐含层和输出层构成，其中隐含层可为多层，且每个隐含层又包含多个神经元。图 3-4 为单个神经元结构示意图，它一般是一个多输入、单输出的非线性元件，输入和输出之间的关系可表达为：

$$y_i = f\left(\sum_{i=1}^{n} w_{ij}u_j - \theta_i\right) \quad (3-16)$$

式中，y_i 代表神经元 i 的输出值；u_j、θ_i、w_{ij} 分别为上一层第 j 个神经的输出值（即神经元 i 的第 j 个输入值）、神经元 i 的阈值和上一层第 j 个神经元至该层第 i 个神经元的连接权值，它们共同构成该层第 i 个神经元的内部状态；f 为激活函数，它以神经元内部状态为变量，影响着神经元的输出性能。不难看出，人工神经网络就是通过内部连接权值、阈值及激活函数的转换能力来表现输入和输出之间的复杂关系，而神经网络确立的关键就是确定这些变量。

利用人工神经网络进行位移反分析的流程与常规的反分析流程略有不同，在同样确定了分析用的力学模型、外部条件及数学方法后，首先需要形成大量的网络训练样本，即在事先设定的参数取值范围内选定多组试验用参数，将多组参数代入正演方程，求出对应的多组位移值。在获得了训练样本后，以位移值为输入样本，以参数值为输出样本，放入神经网络进行训练，得到训练后的神经网络。以上神经网络实际上已形成了问题中位移-参数的对应关系，此时将实测位移值作为输入重新代入训练后的神经网络，那么输出值即为反演参数值。

2. 反分析方法的改进

人工神经网络经过几十年的发展，形成了众多网络模型，在众多网络模型中，应用最为广泛的当属误差反向传播神经网络（BP 神经网络）[71-72]。针对传统 BP 人工神经网络法的内在不足，从以下几方面对其做了改进：

（1）利用遗传算法寻找神经网络中的连接权值

目前采用遗传算法优化神经网络主要有两种形式[73]：一种是利用遗传算法训练已知网络结构的连接权值；另一种是利用遗传算法找出最优的网络的规模、结构和学习参数。为保证遗传神经网络的计算效率，这里仅作第一种优化。优化过程仍依照遗传算法基本流程进行，其中关键是建立问题的适应度函数。本书以网络输出值（即由样本输入值和染色体对应的连接权值计算得到的网络结构输出值）与输出样本之间误差平方根的倒数作为适应度函数，显然误差越小，适应度越大。

（2）利用正交试验法选择训练样本

从人工神经网络的运行机制不难发现，神经网络计算的准确性不仅取决于网络结构，还依赖于训练样本。如果训练样本具有典型性，即能够涵盖参数的取值范围和对应的解空间，那么训练后的神经网络所构建的输入与输出之间的关系就更接近于真实情况。

为了提供有限但具有代表性的训练样本，采用正交试验设计方案。正交试验设计[74]是研究多因素、多水平的一种设计方法，它是根据正交性从全面试验中挑选出部分有代表性的点进行试验，这些有代表性的点具备了"均匀分散、齐整可比"的特点，是一种高效率、快速、经济的实验设计方法。正交试验根据正交表进行，正交表是一整套规则的设计表格，可表示为 $L_P(b^a)$，其中 L 为正交表的代号，a 为试验中因素的个数，b 为各因素的水平数，b^a 是进行全面试验所需的次数，P 为采用正交试验所需的次数。

（3）利用交叉验证法确定隐含层神经元数

构建一个神经网络，首先应确定其内部结构。在实际计算中采用 3 层的 BP 网络（一个隐含层）。为更合理地确定隐层神经元数，在对试验样本进行训练的同时，引入了交叉验证的方法。

交叉验证的基本思想是将原始数据（即训练样本）进行分组，一部分作为训练集，另一部分作为验证集，首先用训练集对网络进行训练，再利用验证集来测试训练得到的模型，以此来作为评价网络性能的指标。实际操作时，首先确定隐含层神经元数的下限（由经验公式 $N_{hid}^d = 2N_{in} + 1$ 确定，其中 N_{hid}^d 和 N_{in} 分别为隐含层下限神经元数和输入层的神经元数）和上限（本书取 $N_{hid}^u = 3N_{hid}$），在交叉验证循环中套入隐含层神经元数从下限到上限的递增循环以不断调整网络结构进行训练和验证，若某一步循环得到的网络优于之前的（神经网络的均方误差更小）则保留这一网络的相关参数，如此直至循环结束，最终得到的便是就训练样本而言最优的神经元网络。

根据以上介绍的人工神经网络反分析的几种优化措施，并结合深基坑位移反分析的具体要求，最终形成了图 3-5 所示的位移反分析流程。

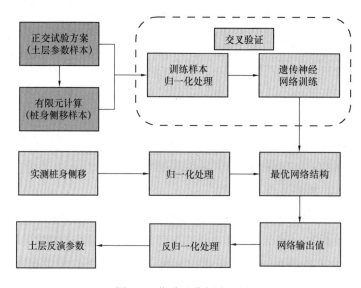

图 3-5 位移反分析流程图

3.2.4 数值模拟实例

采用有限元分析软件 Midas/GTS，对宁波轨道交通 4 号线柳西新村站基坑及邻近建筑物构建了三维有限元模型，对天海大酒店和柳锦花园的沉降与桩基变形进行预测。

1. 工程概况

柳西新村站为 4 号线工程第十三个车站，位于宁波市海曙区苍松路与规划道路交叉口，车站沿苍松路呈南北向布置。苍松路规划道路宽 24m，现状为双向 2 车道（路幅宽约 14m、机非混合）车流量较大，两侧各有一条 5.5m 左右的人非混行道，车流量大。场地西侧的柳西河河宽 30～40m，水深 0.52～3.53m，河底淤泥厚度 1.10m 左右。柳西新村站平面位置见图 3-6。

图 3-6 柳西新村站平面位置示意图

柳西新村站为地下二层岛式车站，全长 260m，车站起止里程为 CK18＋268.480～CK18＋528.48。主体结构标准段基坑宽度为 18.30m，基坑底板埋深约 20.16m，端头井基坑宽度为 23.20m，基坑底板埋深约 21.896m，均采用明挖顺作法施工。坑底主要位于⑤₁b 层粉质黏土中，由于场地土层有起伏，局部位于⑤₁t 层黏质粉土中。车站主体围护结构拟采用 1000mm 地下连续墙结构，标准段地下连续墙深约 40m，端头井地下连续墙深约 42m。主体结构临时中立柱基础拟采用直径 800mm 的钻孔灌注桩，有效桩长约 40m；附属结构基础拟采用直径 800mm 的钻孔灌注桩，有效桩长约 30m。车站共设置 3 个出入口、2 个风亭组，其中 A 号出入口与 A 号风亭组合建，B 号风亭组独建，B、C 号出入口独建，附属结构基坑底板埋深约 12.90m；均采用明挖顺作法施工。本站附属结构围护结构采用直径 800mm 钻孔灌注桩，围护深度约 26m，坑底以下 3m 进行土体加固，坑底以上做水泥土弱加固。

天海大酒店（混凝土 24）原名三和大厦办公、公寓楼，位于苍松路与常青路交叉口东北侧。建筑沿基坑方向长度约 45.4m，垂直基坑方向长度约 58.5m，整体形状呈 L 形，与柳西新村站主体基坑最近距离约为 14.9m。该建筑建造于 20 世纪 90 年代末，建筑总平面±0.000 相对应的黄海高程为 3.400m，建筑总面积约为 25000m²。其工程桩（共 237 根）均采用 φ800 钻孔灌注桩，桩长为 51.0～52.3m，以第 7b 黏质粉土层作为桩端持力层，桩身混凝土强度为 C30。天海大酒店通设一层地下室，地下室开挖深度为 4.3～6.5m，围护形式采用水泥搅拌桩重力式挡墙与钻孔灌注桩的组合形式。天海大酒店现场照片见图 3-7。

柳锦花园小区 1～5 号楼（混凝土 5）位于柳西河西侧、铁路东侧，均处于车站周边 1.5 倍基坑开挖深度影响范围内。该五栋建筑均为民用住宅楼，沿基坑方向长度分别

图 3-7　天海大酒店

约为 10.8m、10.2m、9.9m、10.2m 和 6.9m，垂直基坑方向长度分别约为 65.1m、66.3m、53.1m、55.3m 和 45.3m，距离柳西新村车站主体基坑最近距离分别约为 27.3m、26.0m、28.0m、29.2m 和 31.7m。该建筑群建造于 20 世纪 90 年代末，建筑总面积分别约为 3500m^2、3300m^2、2700m^2、2700m^2 和 1800m^2。其工程桩均采用 ϕ377 沉管灌注桩，桩长为 18.7～19.1m，桩身混凝土强度为 C20。柳锦花园小区现场照片见图 3-8。

图 3-8　柳锦花园

2. 有限元模型

结合基坑周边的环境情况，确定了三维数值模拟分析的对象是东西向长度 206m、南北向长度400m的区域，标高范围2.610m～－77.610m（黄海高程）。有限元模型图见图3-9和图3-10。模型土层分布根据勘察报告中地质剖面图确定，土层计算参数见表3-3。车站周边建筑均为框架结构建模，支护结构及周边建筑参数见表3-4。此外，计算过程中的主要荷载包括自重、基坑周边地表半无限荷载15kN/m²；模型约束了底部的竖向位移和各侧面的法向位移，分析步骤按常规施工顺序设置。

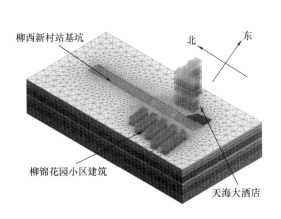

图3-9　柳西新村站基坑及周边
建筑三维有限元模型

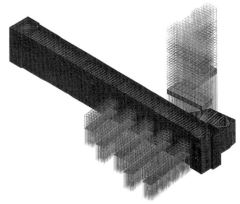

图3-10　柳西新村站基坑支护
结构和周边建筑有限元模型

表3-3　柳西新村站土层计算参数

参数	1 杂填土	2-2b 淤泥质黏土	3-1a 砂质粉土	4-1b 淤泥质粉质黏土	5-1b 粉质黏土	5-4a 粉质黏土	6-3a 黏土	7-2 黏质粉土	8 粉砂
重度 γ （kN/m³）	18.0	17.4	19.3	18.2	19.2	18.8	18.4	19.4	19.4
黏聚力 c （kPa）	5.0	12.4	11.7	14.0	31.1	30.7	39.7	39.8	7.7
内摩擦角 φ （°）	10.0	8.7	20.5	10.3	18.9	16.7	19.0	19.9	31.0
切线刚度 E_{oed}^{ref} （MPa）	2.00	2.17	6.38	2.54	5.41	4.97	5.74	6.76	8.10
割线刚度 E_{50}^{ref} （MPa）	3.00	3.26	9.57	3.81	5.41	4.97	5.74	6.76	8.10
卸载/加载刚度 E_{ur}^{ref} （MPa）	6.00	6.51	19.14	7.62	32.46	29.82	34.44	40.56	48.60

表 3-4　柳西新村站支护结构及周边建筑参数

	结构名称	截面尺寸（mm）	材料	本构关系	备注
车站	地下连续墙	1000	C30 混凝土	弹性	板单元
	被动区加固土	—	水泥土	弹性	—
	混凝土支撑	800×1000	C30 混凝土	弹性	梁单元
	钢管支撑	$\phi609×16$ $\phi800×16$	钢材	弹性	梁单元
天海大酒店	工程桩（钻孔桩）	$\phi800$	C30 混凝土	弹性	植入式梁单元
	筏板	1000	C40 混凝土	弹性	板单元
	地下室侧墙	300	C40 混凝土	弹性	板单元
	地下室顶板	200	C40 混凝土	弹性	板单元
	地下室柱	600×600	C40 混凝土	弹性	梁单元
	上部结构梁柱	600×600	C40 混凝土	弹性	板单元
	楼板	200	C40 混凝土	弹性	板单元
柳锦花园	工程桩（沉管桩）	$\phi377$	C30 混凝土	弹性	植入式梁单元
	承台及基础梁	—	C30 混凝土	弹性	板单元，等效厚度 400
	结构柱	500×500	C30 混凝土	弹性	梁单元
	结构梁	250×600	C30 混凝土	弹性	梁单元

3. 数值模拟结果

经有限元预测得到的柳西新村站周边土体及建筑竖向位移云图见图 3-11。由图 3-11可知，地表沉降影响范围约为 $3H$；沉降模式为凹槽型；基坑四周地表最大沉降

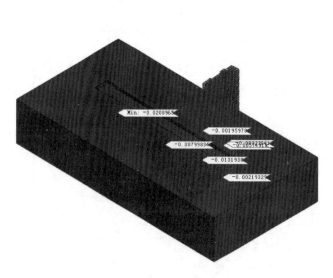
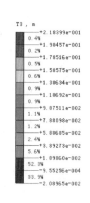

图 3-11　柳西新村站周边土体及建筑竖向位移云图

量发生在基坑西侧中部位置，最大值出现在基坑开挖到坑底后，大小为20.9mm。柳锦花园对应区域地表沉降最大值为13.2mm，建筑角点处土体沉降最大值为8.0mm，沉降差为5.2mm；天海大酒店对应区域地表沉降最大值为5.7mm，建筑角点处土体沉降最大值为3.2mm，沉降差为2.5mm。

经有限元预测得到的柳锦花园桩基东西向水平位移见图3-12，柳西新村站周边房屋变形预测结果见表3-5。可知，基坑开挖期间天海大酒店的建筑最大沉降远小于柳锦花园小区1~5号楼。这是因为该建筑工程桩为 ϕ800 钻孔灌注桩，桩长为51.0~52.3m，以第7b层作为桩端持力层，桩端有良好的持力层，致使基坑施工对其影响较小。

柳锦花园桩基的水平向位移朝向坑内方向，最大侧移为8.4mm，发生在离基坑最近处的桩基，深度在坑底附近，沿远离基坑方向逐渐减小。另外，柳锦花园小区1~5号楼，建筑最大沉降及桩顶水平位移均逐渐增大，这是因为5幢楼尽管离坑边距离相近，但所处的基坑对应位置不同，5号楼最接近基坑长边中部，故相应变形也越大。

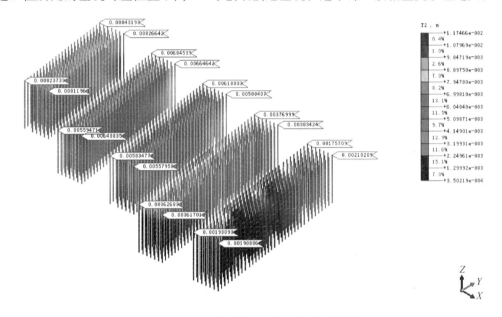

图 3-12　柳锦花园桩基东西向水平位移

表 3-5　柳西新村站基坑周边房屋变形预测结果

保护建筑	建筑最大沉降（mm）	角变量（整体倾斜）	桩顶水平位移（mm）
柳锦花园1号楼	2.5	1/37884	2.1
柳锦花园2号楼	5.4	1/14420	3.8
柳锦花园3号楼	6.3	1/11365	6.2
柳锦花园4号楼	6.3	1/11149	6.9
柳锦花园5号楼	7.1	1/9007	8.4
天海大酒店	0.6（0.6）	1/700011（1/690008）	8.8（9.1）

注：（　）内为附属基坑开挖后结果。

4 深基坑施工邻近建筑风险与安全评估

4.1 基于事故树的基坑周边建筑风险分析方法[75]

开展基坑工程风险分析与安全评估的意义在于：①有利于减少工程事故的发生；②为基坑工程的围护设计方案和施工方案的选择提供依据；③为周边建（构）筑物加固措施的选择提供依据；④帮助决策者进行科学的决策。在众多安全评价分析方法中[76]，事故树分析（FTA）法被公认是对系统进行安全评价的较好方法之一，且在基坑工程安全评估方面也有一定的研究与应用[77-81]，但这些成果多仅限于基坑本身安全问题，并未涉及基坑开挖引起周边建筑的安全评判。黄沛等[29]根据桩与基坑的相对关系对事故发生概率进行调整，提出了适用于邻近深基坑的桩基础建筑的事故树分析法。本章在文献[29]的基础上，根据软土地区基坑工程实际，提出了基坑施工对周边建筑影响的安全评估方法。

4.1.1 事故树方法简述

如图 4-1 所示，事故树是一种用逻辑门联结的逻辑树图，它表示了事故发生原因及其逻辑关系。事故树从某一特定事件开始，自上而下依次画出其前兆事件，直到获得最初始的前兆事件。被置于顶端的事件称为顶事件；最初始的前兆事件位于终端，称为基本事件；介于两者之间的为中间事件，它既是导致上层事件的原因，又是下层事件产生的结果。下层事件通过逻辑门与上层事件联系，常用的逻辑门有"与"门和"或"门，前者表示下层所有事件都出现则上层事件发生，后者表示下层事件其中一个或一个以上出现，则上层事件发生。

从逻辑运算过渡到一般数学运算可引入故障树的结构函数的概念。设 X_i 和 ϕ 分别为逻辑树中的基本事件与顶事件的状态变量，均取值 0 或 1 两种状态。如果顶事件的状态完全取决于基本事件的状态，即顶事件状态是基本事件状态的函数，则有：

$$\phi = \phi(X) \tag{4-1}$$

式中，$X = (X_1, X_2, \cdots, X_{n-1}, X_n)$，$\phi(X)$ 为事故树的结构函数，n 为基本事件总数。

对于与门和或门联结的故障树，其结构函数可分别表示为：

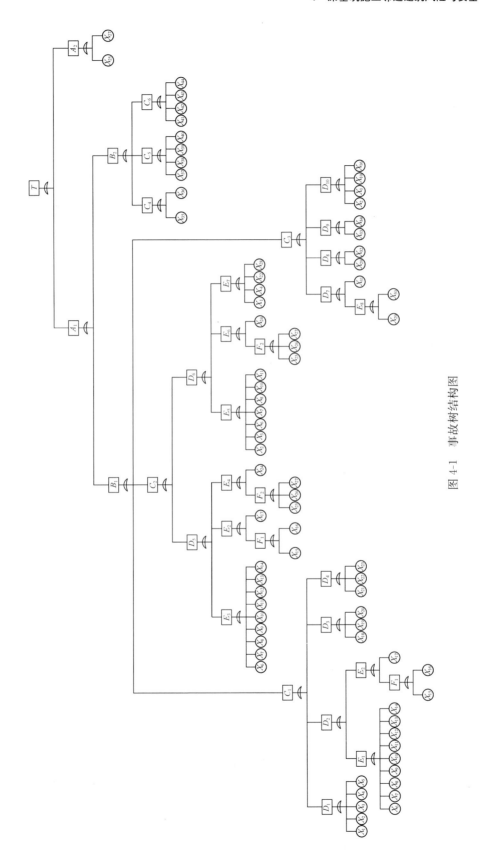

图 4-1 事故树结构图

$$\phi(X) = \prod_{i=1}^{n} X_i \tag{4-2}$$

$$\phi(X) = 1 - \prod_{i=1}^{n} (1 - X_i) \tag{4-3}$$

4.1.2 事故树的编制

本节事故树编制思路及需要考虑的因素：①事故树的顶事件为明挖隧道基坑周边建筑损坏这一事故；②造成顶事件的下层事件中，以施工造成基坑围护失效为主，并考虑其他可能的施工直接导致建筑损坏的事件；③基坑围护失效由围护墙失效、支撑失效、止（降）水失效三方面造成，由这三个中间事件再推演下层事件；④最终造成基本事件的责任方应是管理、勘察、设计、施工、监测的其中一方。

根据事故树原理绘制的基坑施工对邻近建筑物安全影响的事故树如图 4-1 所示。其中顶事件与各中间事件的意义列于表 4-1，各基本事件的意义见表 4-2。

表 4-1 顶事件与中间事件的意义

符号	事件	符号	事件
T	建筑物严重受损	D_6	立柱破坏
A_1	地基变形过大	D_7	承压水问题
A_2	其他	D_8	潜水问题
B_1	基坑围护失效	D_9	围护墙渗漏
B_2	其他	D_{10}	其他
C_1	围护墙失效	E_1	墙体承载力不足
C_2	支撑失效	E_2	土压力增加
C_3	止、降水失效	E_3	支撑承载力不足
C_4	气候问题	E_4	支撑失稳
C_5	监测问题	E_5	立柱承载力不足
C_6	施工影响	E_6	立柱失稳
D_1	踢脚破坏	E_7	坑底隆起
D_2	墙体折断	E_8	坑内涌水
D_3	支撑不当	F_1	土重增加
D_4	挖土不当	F_2	非设计荷载
D_5	支撑破坏		

表 4-2 基本事件的意义

符号	事件	责任方	权重	极差概率	基本事件概率	重要度排序
X_1	地勘资料失真	勘察	0.044	0.1	0.0005	9
X_2	设计桩长不足	设计	0.475	0.1	0.0052	4

续表

符号	事件	责任方	权重	极差概率	基本事件概率	重要度排序
X_3	施工桩长不足	施工	0.436	0.3	0.0142	3
X_4	未按要求进行加固	施工	0.436	0.1	0.0047	5
X_5	坑边违规设集水井	施工	0.436	0.3	0.0142	3
X_6	现有理论不足	设计	0.475	0.3	0.0155	2
X_7	土层参数取值不准	勘察	0.044	0.3	0.0014	8
X_8	安全储备小	业主	0.055	0.3	0.0018	7
X_9	坑外超载取值偏小	设计	0.475	0.3	0.0155	2
X_{10}	施工质量差	施工	0.436	0.3	0.0142	3
X_{11}	材料负偏差	施工	0.436	0.1	0.0047	5
X_{12}	未按要求卸土	施工	0.436	0.6	0.0284	1
X_{13}	地坪标高取值偏小	设计	0.475	0.3	0.0155	2
X_{14}	工况考虑不全	设计	0.475	0.1	0.0052	4
X_{15}	防排水措施不当	施工	0.436	0.1	0.0047	11
X_{16}	地下水管渗漏	施工	0.436	0.1	0.0047	11
X_{17}	坑边额外超载	施工	0.436	0.3	0.0142	3
X_{18}	未及时设支撑	施工	0.436	0.6	0.0284	1
X_{19}	不设或少设支撑	施工	0.436	0.1	0.0047	5
X_{20}	违规拆撑、换撑	施工	0.436	0.3	0.0142	3
X_{21}	超挖	施工	0.436	0.6	0.0284	1
X_{22}	挖土过快	施工	0.436	0.6	0.0284	1
X_{23}	未按要求顺序开挖	施工	0.436	0.3	0.0142	3
X_{24}	长细比过大	设计	0.475	0.1	0.0052	4
X_{25}	坠落物打击	施工	0.436	0.05	0.0024	6
X_{26}	支撑上走车	施工	0.436	0.6	0.0284	1
X_{27}	机械碰撞	施工	0.436	0.3	0.0142	3
X_{28}	未及时浇筑垫层	施工	0.436	0.6	0.0284	1
X_{29}	降水设备故障	施工	0.436	0.1	0.0047	13
X_{30}	勘察孔未按要求回填	勘察	0.044	1	0.0048	14
X_{31}	承压水头过大	勘察	0.044	0.3	0.0014	12
X_{32}	坑底存在粉砂层	勘察	0.044	0.05	0.0002	15
X_{33}	未采取补救措施	施工	0.436	0.3	0.0142	10
X_{34}	接缝不严	施工	0.436	0.3	0.0142	10
X_{35}	暴雨	施工	0.436	0.05	0.0024	6
X_{36}	台风	施工	0.436	0.05	0.0024	6
X_{37}	监测方案不足	监测	0.475	0.1	0.0052	4
X_{38}	预警值过大	监测	0.475	0.1	0.0052	4

续表

符号	事件	责任方	权重	极差概率	基本事件概率	重要度排序
X_{39}	监测数据不准	监测	0.475	0.3	0.0155	2
X_{40}	未及时报警	监测	0.475	0.1	0.0052	4
X_{41}	成槽塌孔	施工	0.436	0.3	0.0142	3
X_{42}	邻近地下工程影响	施工	0.436	0.1	0.0047	5
X_{43}	降水引起地表沉降过大	施工	0.436	0.3	0.0142	3
X_{44}	施工振动	施工	0.436	0.3	0.0142	3

根据以上事故树结构，通过逻辑运算得到事故树的布尔代数表达式为：

$$T = X_1 + X_2 + X_3 + X_4 + X_5 + X_6 + X_7 + X_8 + X_9 + X_{10} + X_{11}$$
$$+ X_{12} + X_{13} + X_{14} + X_{15}X_{16} + X_{17} + X_{18} + X_{19} + X_{20} + X_{21}$$
$$+ X_{22} + X_{23} + X_{24} + X_{25} + X_{26} + X_{27} + X_{28} + X_{31}(X_{29} + X_{30}) \quad (4\text{-}4)$$
$$+ X_{29}X_{32} + X_{33}X_{34} + X_{35} + X_{36} + X_{37} + X_{38} + X_{39} + X_{40} + X_{41}$$
$$+ X_{42} + X_{43} + X_{44}$$

不难发现，以上事故树中导致顶事件发生的最小基本事件集合，即事故树的最小割集共有 41 个，分别为：

$$\{X_1\}, \{X_2\}, \{X_3\}, \{X_4\}, \{X_5\}, \{X_6\}, \{X_7\}, \{X_8\}, \{X_9\}, \{X_{10}\}, \{X_{11}\},$$
$$\{X_{12}\}, \{X_{13}\}, \{X_{14}\}, \{X_{15}X_{16}\}, \{X_{17}\}, \{X_{18}\}, \{X_{19}\}, \{X_{20}\}, \{X_{21}\},$$
$$\{X_{22}\}, \{X_{23}\}, \{X_{24}\}, \{X_{25}\}, \{X_{26}\}, \{X_{27}\}, \{X_{28}\}, \{X_{29}X_{31}\}, \{X_{30}X_{31}\},$$
$$\{X_{29}X_{32}\}, \{X_{33}X_{34}\}, \{X_{35}\}, \{X_{36}\}, \{X_{37}\}, \{X_{38}\}, \{X_{39}\}, \{X_{40}\}, \{X_{41}\},$$
$$\{X_{42}\}, \{X_{43}\}, \{X_{44}\} \quad (4\text{-}5)$$

4.1.3 基本事件的概率计算

1. 权重系数

根据文献[82]调查的 162 起基坑工程事故的统计资料，由于不同责任方失误造成事故发生的频数比例为设计单位：施工单位：建设单位：勘察单位：监理单位＝0.46：0.415：0.06：0.035：0.03。文献[83]指出，按有关部门责任统计分析，由设计单位、施工单位、建设单位、勘察单位、监理单位原因造成的基坑事故，分别占所统计基坑事故的 47.5%、40.4%、5.5%、4.4%、3.2%。由于宁波地区还未有相关的统计工作，因此本节仍采用文献[83]的统计数据；另外，考虑工程实际情况，将监测单位与设计单位归为一个责任方，将施工单位与监理单位也归为一个责任方，则最终的责任方有 4 个，分别为设计单位、施工单位、建设单位、勘察单位，它们对应的权重分别为 0.475、0.436、0.055、0.044。

2. 基本事件的极差概率

对于不同地区的基坑工程，由于工程勘察、设计、施工及建设单位的业务素质和管理水平有很大差异，基本事件发生的可能程度也不尽相同。因此，在没有充分统计分析的情况下，基本事件概率宜通过专家调查法获得。通过调查问卷的方式，专家可按表 4-3 选择事件不同可能性对应的取值，即极差概率。此次共发放问卷 20 份，回收 16 份，经综合对比确定了 44 个基本事件的极差概率，具体见表 4-3。

表 4-3 极差概率取值表

基本事件可能性	取值
完全可以被预料到	1
相当可能	0.6
不经常，但可能	0.3
很少可能	0.1
可设想，但极少可能	0.05

3. 基本事件导致顶事件发生的概率

文献[81]提出采用统计资料调查显示的频数与极差概率情况相结合的思想计算基本事件的概率，即基本事件的概率等于极差概率与权重系数的乘积。为了避免得到的顶事件概率大于 1，将得到的基本事件概率乘以以下调整系数[29]：

$$\mu = \frac{\sum_{i=1}^{n}(极差概率_i \times 权重)}{最小割集数} \tag{4-6}$$

最终得到的各基本事件概率列于表 4-2。

4.1.4 顶事件概率的调整系数

1. 几何调整系数

基坑开挖对周边建筑的影响存在着空间效应，如与建筑开裂密切相关的建筑差异沉降随建筑离基坑边距离的增大而减小；另外，不同长度桩基抵抗基坑开挖引起的土体变形的能力也不同。所以由基本事件概率求解顶事件概率时，应根据建筑与基坑的相对位置关系以及建筑桩基础与开挖深度的关系乘以调整系数，宁波轨道交通深基坑周边地表沉降的统计结果显示[61]，基坑开挖的影响范围在 4 倍坑深范围内，地表沉降最大值约在 0.8 倍坑深处。考虑地表沉降分布模式接近正态分布[84]，并参考文献[29,84,85]及第 3 章的研究成果，定义几何调整系数为：

$$\lambda_{a} = \begin{cases} \dfrac{H}{h} & (x \leqslant 0.8H) \\[2mm] \dfrac{H}{h}\exp\left[-\pi\dfrac{x-x_{m}}{4H-x_{m}}\right] & (0.8H < x \leqslant 4H) \end{cases} \tag{4-7}$$

式中，H 为基坑开挖深度；h 为桩长；x 为建筑离基坑边的距离；x_m 为沉降最大点离基坑边的距离，宁波地区可取 $x_m = 0.8H$。

2. 结构状态调整系数

除基坑与建筑相对位置关系的影响外，基坑周边建筑物自身的结构状态，如建筑物的结构形式、开洞情况、建筑物的几何尺寸及形状、建筑物自身荷载及附加荷载等也影响着建筑抵抗变形的能力。由于以上因素很难采用公式进行量化计算，因此仍建议采用专家调查法进行。结构状态调整系数 λ_b 的取值见表 4-4。

表 4-4　建筑自身状态调整系数

建筑抗变形能力	取值
优	0.2
良	0.4
中	0.6
差	0.8
劣	1.0

3. 建筑老化调整系数

随着建筑使用年份的增加，建筑材料的老化以及长期积累的变形使得建筑发生破坏的概率增加。按设计年限为 50 年考虑，使用 T 年的建筑老化调整系数为：

$$\lambda_t = \frac{T}{50} \tag{4-8}$$

4.1.5　顶事件的概率

由上述理论可知，获得各基本事件概率后，再针对实际工程中建筑与基坑的情况获得概率的修正系数，最终得到顶事件的概率为：

$$
\begin{aligned}
g(q) = {}& \lambda_a \lambda_b \lambda_t [1 - (1-q_1)(1-q_2)(1-q_3)(1-q_4)(1-q_5)(1-q_6)(1-q_7) \\
& (1-q_8)(1-q_9)(1-q_{10})(1-q_{11})(1-q_{12})(1-q_{13})(1-q_{14})(1-q_{15}q_{16}) \\
& (1-q_{17})(1-q_{18})(1-q_{19})(1-q_{20})(1-q_{21})(1-q_{22})(1-q_{23})(1-q_{24}) \\
& (1-q_{25})(1-q_{26})(1-q_{27})(1-q_{28})(1-q_{29}q_{31})(1-q_{30}q_{31})(1-q_{29}q_{32}) \\
& (1-q_{33}q_{34})(1-q_{35})(1-q_{36})(1-q_{37})(1-q_{38})(1-q_{39})(1-q_{40})(1-q_{41}) \\
& (1-q_{42})(1-q_{43})(1-q_{44})]
\end{aligned}
$$

(4-9)

式中，$g(q)$ 为顶事件发生的概率，q_i 为第 i 个基本事件发生的概率。

4.1.6　重要度分析

为分析事故树中各基本事件的发生对顶事件发生所产生影响的大小，需对各基本事件进行重要度分析。常用的概率重要度可表示为：

$$I_g[i] = \frac{\partial g(q)}{\partial q_i} \tag{4-10}$$

利用上式计算各基本事件的概率重要度，基本事件概率重要度越大，则该基本事件发生概率的变化对顶事件发生概率变化的影响越大，即如果能够有效减小重要度大的基本事件发生的概率，就可以大幅降低顶事件发生的概率。然而，基本事件的概率重要度并不能反映出改善发生概率已经很小的基本事件较改善发生概率较大的基本事件难这一情况，故实际分析时更多地采用关键重要度这一指标，它是基本事件发生概率的相对变化率与顶事件发生概率的相对变化率之间的比，可表示为：

$$I_c[i] = \frac{\partial \ln g(q)}{\partial \ln q_i} = \frac{q_i}{g(q)} \frac{\partial g(q)}{\partial q_i} = I_g[i] \frac{q_i}{g(q)} \tag{4-11}$$

4.1.7 事故安全评价与应对策略

事故安全等级可根据顶事件发生概率和事故损失，按表4-5进行判断。

表 4-5 安全评价矩阵

事故概率	事故损失				
	可忽略	需考虑	严重的	非常严重	灾难性
$P < 0.01\%$	一级	一级	二级	三级	四级
$0.01\% \leqslant P < 0.1\%$	一级	二级	三级	三级	四级
$0.1\% \leqslant P < 1\%$	一级	二级	三级	四级	四级
$1\% \leqslant P < 10\%$	二级	三级	四级	四级	五级
$P > 10\%$	二级	三级	四级	五级	五级

注：P 为事故发生的概率。

不同的事故安全等级应采用相对应的安全策略，安全应对策略可参见表4-6。

表 4-6 安全应对策略

安全等级	控制对策	建议应对牵头部门
一级	日常管理和审视	设计、施工、监理单位
二级	需注意，加强日常管理和审视	
三级	引起重视，需制定防范、监控措施	总承包商
四级	需决策，制定控制、预警措施	建设公司、指挥部或政府部门
五级	立即停止，整改、规避或启动应急预案	

上述深基坑周边建筑安全评价的事故树分析法应用实例见表4-6。从表中重要度次序可见，次序第一位的共6个基本事件，分别为未按要求卸土、未及时设支撑、超挖、挖土过快、支撑上走车和未及时浇筑垫层，且它们的责任方都是施工单位，所以要保证

明挖隧道基坑及周边建筑的安全，对于施工环节的把控最为关键。

4.2 城市轨道交通深基坑周边建筑安全评判方法[86]

本节以宁波市轨道交通深基坑为例，建立软土地区的轨道交通深基坑开挖对周边建筑安全影响的评判标准。宁波市已建地铁1、2号线地铁车站深基坑及周边建筑信息见附录。

4.2.1 建筑离基坑距离与变形之间的关系分析

基坑施工过程中，由于围护结构的侧向变形以及坑底土体的回弹隆起，基坑周边土体将不可避免地产生竖向和水平向位移，从而导致坑外建筑产生变形。从众多文献研究成果和工程实测结果可知，正常情况下，离基坑越远，土体变形越小。这意味着基坑周边建筑的变形大小与建筑离基坑的距离存在着一定的相关性。相关风险分析规范多将基坑与周围环境设施的距离作为基坑施工对环境影响分级的重要依据之一。表4-7列出了相关规范中基坑周边设施与基坑距离远近的评价标准。

表4-7 基坑与周围环境设施的邻近关系

规范编号	邻近关系			
规范[14]	非常接近	接近	较接近	不接近
	$<0.7H$	$0.7H\sim1.0H$	$1.0H\sim2.0H$	$>2.0H$
规范[87]	接近	较接近	一般	不接近
	$<0.4H$	$0.4H\sim0.6H$	$0.6H\sim1.0H$	$>1.0H$

注：H为基坑开挖深度。

规范（GB 50652—2011）[14]主要反映南方软土地区轨道交通建设情况，而规范（DB11/1067—2014）[87]为北京地方标准。不难看出，后者对于基坑与周围环境设施邻近关系的限定要宽于前者；这是因为：北京市城区主要为第四系冲洪积地层，基岩埋藏较深，地层分布以黏性土、砂土和砾卵石为主，施工引起的变形相对小（与南方地下水位较高的软土地区和复合地层地区有很大不同）。以上比较说明，不同地区应根据当地工程地质情况（基坑施工影响程度及范围的大小）确定合理的基坑周边设施与基坑距离的评价标准。

刘晓虎[61]收集了宁波轨道交通1号线18个车站基坑工程的实测数据，其基坑周边地表沉降的统计结果见图4-2。图4-2中以量测点距坑边的距离（d）与基坑开挖深度（H）的比值为X轴，量测点沉降（δ_v）与同一组量测点（距坑边不同距离布点）的沉降最大值（δ_{vm}）的比值为Y轴。

由图 4-2 可知，墙后沉降均被包络于一个梯形的区域内，基坑周边地表最大沉降落于 $0<d/H\leqslant1.5$ 范围内，且在该范围内任意位置都可能发生 $0\sim\delta_{vm}$ 的沉降，无显著规律性；基坑周边地表沉降在 $1.5<d/H\leqslant4.0$ 内衰减至可以忽略的大小，其中 $1.5<d/H\leqslant2.5$ 范围内，沉降变化范围为 $0\sim0.7\delta_{vm}$，$2.5<d/H\leqslant4.0$ 范围内，沉降变化范围为 $0\sim0.4\delta_{vm}$。可见，基坑周边 1.5 倍及 2.5 倍坑深可作为划分轨道交通深基坑与建筑邻近关系的重要界限。

经统计，宁波地铁车站深基坑标准段深度普遍在 $17\sim18m$，端头井深度在 $18\sim20m$，多采用 800 厚地下连续墙结合 1 或 2 道钢筋混凝土支撑＋4 道钢支撑的支护形式，坑底一般位于 3-1 或 3-2 层粉质黏土层，地下连续墙墙趾主要位于 5 或 6 层粉质黏土层，基坑长宽比为 $8\sim10$。在支护形式、土层条件、施工水平等基本相同的情况下，宁波地铁车站深基坑开挖导致的基坑周边土体变形的变异性不大。就基坑开挖对建筑的变形影响而言，两者的距离（建筑位于几倍坑深）是最主要的影响因素。

从宁波轨道交通 1、2 号线车站基坑周边建筑变形的统计结果看（图 4-3），发生明显裂缝的建筑都处于 1.5 倍坑深范围内，对于 2.5 倍坑深范围外的建筑，未发现显著破坏。

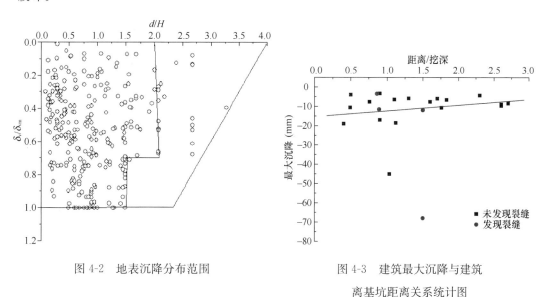

图 4-2 地表沉降分布范围　　　　图 4-3 建筑最大沉降与建筑
离基坑距离关系统计图

4.2.2 建筑抵抗变形能力分析

风险评估的相关规范中因为关注于基坑开挖导致周边环境破坏的宏观后果（如经济损失、工期延误、社会影响等），在对周边房屋进行风险评估时，除考虑表 4-7 中基坑与周围环境设施的邻近关系外，对于建筑只从其重要性角度进行考虑。然而，从轨道交通建设的实际而言，即使是一般的居民房屋，施工导致房屋细微开裂（美观破坏）也会引起居民恐慌，故仅考虑建筑重要性进行风险分级没有充分照顾周边群众心理和需求，难以到达"和谐共建"的目的。因此，对于周边房屋的分类和分析还需进一步细化，使建立的安全评判标准更具现实意义。

文献[35-36]的实测结果显示，不同基础类型对于深基坑开挖引起建筑变形的抵抗能力不同，桩基础在这方面要优于浅基础。但需要指出的是，桩基础在抵抗基坑开挖引起基坑周边土体变形的同时，其自身也将产生附加的变形与内力。对于桩基础建筑，不仅要关注基坑开挖导致的上部结构变形，还要对下部桩基的受力变形情况加以重视。

建筑刚度除了与建筑基础形式相关外，还与上部结构特点相关。陆承铎[88]通过对软土地区数十栋建筑物的实地调查，提出建筑物的长高比是衡量砖墙承重结构建筑物刚度的主要指标。建筑物长高比越小，其整体刚度越大，调整不均匀沉降的能力就越强；反之，长高比越大，整体刚度越小，调整不均匀沉降的能力也就越弱。陈龙[89]综合建筑物的长高比、结构类型以及有桩无桩等情况来判断建筑物的整体刚度，将建筑物分为大刚度建筑物和小刚度建筑物两类，并认为大刚度建筑物可用倾斜度作为其破坏指标，而小刚度建筑物可用裂缝宽度作为其破坏指标。

实际上，建筑抵抗变形的能力（建筑刚度）与建筑结构类型（或层数）、长高比、基础类型、材料老化情况（使用年份）、可能的结构调整与加固等许多因素相关，通过文献调研与工程实践可知，建筑结构类型、长高比、基础类型对于建筑刚度的影响最为显著。

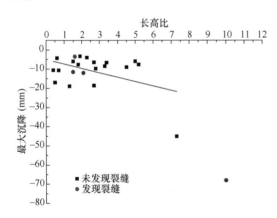

图 4-4　建筑最大沉降与建筑长高比关系统计图

图 4-4 至图 4-6 给出了宁波轨道交通 1、2 号线车站基坑周边建筑变形与这三个因素的关系。由图可得如下结论：①建筑长高比越大，建筑刚度越小，即抵抗变形的能力越差，对于 1.5 倍坑深范围内的建筑，当长高比大于 1.5 时，具有发生裂缝的可能；②不同建筑结构的刚度不同，3 层以上建筑沉降变化范围最大，3 至 7 层建筑的沉降变化范围在 0～20mm，而高层建筑的沉降更小，建筑抵抗变形能力可表示为框架＜砖混＜砖木；按建筑层数可表示为高层＜多层＜低层；③桩基础建筑平均沉降明显小于浅基础建筑，可见，桩基础抵抗变形的能力大于浅基础。

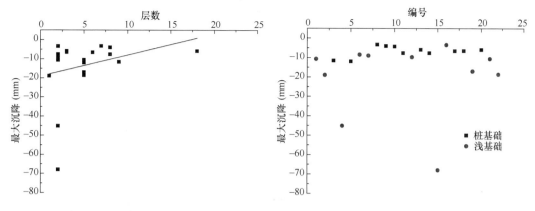

图 4-5 建筑最大沉降与建筑层数关系统计图　　图 4-6 建筑最大沉降与建筑基础类型关系统计图

4.2.3 轨道交通深基坑周边建筑受损评级

为根据已有统计结果建立轨道交通深基坑周边房屋安全评判方法，首先需对已统计建筑最终的安全状态或损坏程度进行定级。文献[90]根据砌体墙体最大裂缝可修复的难易程度，给出了建筑物损坏程度分类标准，见表 4-8。

表 4-8　建筑物损坏程度分级说明

类别	损坏程度	典型裂缝宽度（mm）	门窗情况	修复难易程度
0	可忽略	<0.1	—	—
1	极轻微	<1	—	一般装修处理
2	轻微	1~5	开启稍受影响	裂缝轻易填补
3	中度	5~15	门窗卡住	外砖墙勾缝，小部分拆换
4	严重	15~25	门窗框扭曲	大规模修补
5	极严重	>25	门窗框破坏	部分或全部重建

对于城市中的建筑，往往工程引起的极小裂缝都可能引起居民恐慌，故按照建筑裂缝评判建筑安全时，其分级应偏于保守。表 4-8 中对于损坏类别 0 和 1 是可以忽略的，对于损坏类别 2 是可接受的，对于损坏类别 3 是难接受的，而对于损坏类别 4 和 5 是不可接受的。

文献[31]根据建筑的沉降和倾斜值划分基坑周边建筑的风险等级，见表 4-9。需要指出的是，不同地区建筑沉降与对应的风险等级应是不同的。文献[91]根据收集的上海地区 13 栋钢筋混凝土结构受基坑开挖影响的资料，结果发现当建筑物总沉降量为 60mm 以上时，建筑物出现了不同程度的损坏；根据收集的上海地区 27 栋砖混结构受基坑开挖影响的资料，结果发现当建筑物总沉降量为 40mm 以上时，绝大部分建筑物出现了不同程度的损坏，这也可以作为软土地区由开挖引起的建筑物沉降控制的一个参考。

表 4-9　最大沉降值和最大倾斜度的风险等级

风险等级	严重程度	最大沉降值（mm）	最大倾斜度（‰）
1	可忽略	<10	<1.2
2	一般	10～50	1.2～1.6
3	较高	50～75	1.6～2.0
4	很高	>75	>2.0

《城市轨道交通工程监测技术规范》（GB 50911—2013）[92]规定，当无地方经验时，对于风险等级较低且无特殊要求的建（构）筑物，沉降控制值宜为 10～30mm。建筑在该沉降范围内产生的损坏程度是可接受的。

综合考虑以上文献研究成果、相关规范的规定及宁波地区经验，对建筑受损状态的评级见表 4-10。当建筑物典型裂缝宽度、最大沉降值、最大倾斜度之一满足表 4-10 受损等级对应值时，即取该安全等级为建筑受损等级。

表 4-10　建筑物受损状态分级

受损等级	典型裂缝宽度（mm）	最大沉降值（mm）	最大倾斜度（‰）
I	>15	>60	>2.0
II	5～15	30～60	1.6～2.0
III	1～5	10～30	1.2～1.6
IV	<1	<10	<1.2

4.2.4　邻近轨道交通深基坑建筑的安全性评价

根据第 4.2.1 节及第 4.2.2 节的统计与分析，基于基坑与建筑距离的建筑安全评级见表 4-11。

表 4-11　基坑与建筑邻近关系评级 K_1

建筑与基坑距离	≤0.7H	0.7H～1.5H	1.5H～2.5H	≥2.5H
等级	I	II	III	IV

注：H 为基坑开挖深度；建筑位于基坑中部位置时，相应等级降低一级。

需要说明的是，表 4-11 结果是基于宁波软土地区轨道交通深基坑及周边建筑变形实测情况得出的，对于其他特殊情况应另做考虑：

（1）对于不是以软土为主要土层的地区，以及深度不大且体量较小的车站附属基坑等，由于基坑开挖导致的相对变形较小，表 4-11 中建筑与基坑的相对位置关系的界定须根据实际情况进行调整。

（2）以上统计结果并未对基坑周边是否有走重车的情况进行区分，根据以往工程经验，基坑外走重车导致的基坑周边超载及振动是建筑产生变形的重要原因。因此，应尽量避免坑边走重车。

根据第 4.2.1 节及第 4.2.2 节，综合建筑长高比、上部结构及基础类型得到的建筑抵抗变形能力评级见表 4-12。

表 4-12　建筑刚度评级 K_2

建筑层高	长高比≤1.5		长高比 1.5～3.0		长高比≥3.0	
	浅基	桩基	浅基	桩基	浅基	桩基
低层（3 层及以下）	Ⅲ	Ⅲ	Ⅱ	Ⅲ	Ⅰ	Ⅱ
多层（4 层至 7 层）	Ⅲ	Ⅲ	Ⅲ	Ⅲ	Ⅱ	Ⅲ
高层（8 层及以上）	Ⅳ	Ⅳ	Ⅲ	Ⅳ	Ⅱ	Ⅲ

注：1. 对于短桩基础建筑，上部结构类型为混凝土时按桩基考虑，其他情况按浅基考虑；
　　2. 对变形敏感的建筑及重要建筑，相应刚度评级降低一级。

需要说明的是：①宁波市建成于 20 世纪 90 年代的老房屋普遍采用已被淘汰的 $\phi377$ 和 $\phi426$ 沉管灌注桩，这类桩的桩长与轨道交通深基坑开挖深度相近，且这类桩的施工质量良莠不齐，安全隐患较大。考虑到桩基的存在对于控制建筑沉降是有利的但其实际效果又难以分析，故对于短桩基础，按上部结构类型为混凝土和非混凝土，分别对应桩基和浅基取其刚度等级。②由于建筑本身体型特点以及建筑在使用过程中受到内、外部因素的影响，其在基坑开挖前的初始刚度（即对变形的敏感程度）是不同的，如：a. 建筑平面较不规则、b. 建筑为主裙连体结构、c. 建筑现状变形过大、d. 建筑已出现建筑性损坏、⑤建筑经历过结构性调整等情况，由于这些因素对于初始刚度的影响难以定量考虑，故表 4-12 规定相应刚度等级降低一级；另外，为兼顾规范（GB 50652—2011）的风险等级评判结果，对于重要建筑，即省市级以上的保护古建筑、高度超过 15 层（含）的建筑和年代久远、基础条件较差的重点保护的建筑物，相应刚度等级降低一级。

基坑开挖导致的周边建筑变形是基坑-土体-建筑相互作用的结果；换而言之，基坑周边建筑的变形与基坑和建筑的距离以及建筑抵抗变形的能力相关。因此，考虑最终的建筑安全等级评分为以上两个因素的组合。不同 K_1 和 K_2 组合下对应的建筑安全等级评判方法，见表 4-13。

表 4-13　建筑安全评级 K

K_2 ＼ K_1	Ⅰ	Ⅱ	Ⅲ	Ⅳ
Ⅰ	Ⅰ	Ⅰ	Ⅲ	Ⅳ
Ⅱ	Ⅱ	Ⅲ	Ⅳ	Ⅳ
Ⅲ	Ⅱ	Ⅲ	Ⅳ	Ⅳ
Ⅳ	Ⅲ	Ⅳ	Ⅳ	Ⅳ

对于轨道交通深基坑周边不同安全等级的建筑，表 4-14 给出了对应的处理建议及建议应对的牵头部门，以供决策者参考。

表 4-14　不同安全等级建筑的处理建议

安全等级 K	处理建议	建议应对牵头部门
I	拆除或全面加固	建设公司、指挥部或政府部门
II	充分加固，制定控制、预警措施	
III	适当加固，制定防范、监控措施	总承包商
IV	根据监测情况处理，加强日常管理和审视	设计、施工、监理单位

采用规范（GB 50652—2011）[93]推荐的风险评估方法及本章提出的建筑受损等级和建筑安全等级评判方法对统计的宁波轨道交通 1、2 号线周边 22 幢建筑进行评级，见表 4-15。由表 4-15 可知，实际建筑的受损情况（受损等级）与风险评估等级并不能很好吻合，这是因为建筑的风险程度与建筑变形之间既有联系又有区别，如邻近车站深基坑具有深基础的高层建筑，一般风险评级较高，但实际变形较小。尽管建筑安全评级与建筑风险评级的侧重点不同，但考虑房屋安全评判方法及其结果是为后续保护措施的施加提供依据的，措施的目的在于保证建筑安全的同时也需规避风险，因此，实际建筑安全等级应取建筑受损等级与风险等级高的。由表 4-15 可知，根据以上得到的建筑安全等级包络了其他两种等级，具有一定合理性。轨道交通深基坑周边房屋的安全评估应用见第 7.2 节。

表 4-15　已统计建筑变形汇总与评级

建筑序号	沉降（mm）	差异沉降（mm）	倾斜度（‰）	受损等级	风险等级	安全等级
1	−4.30	1.20	0.04	IV	IV	IV
2	−45.10	31.30	2.50	I	IV	I
3	−8.50	3.80	0.63	IV	IV	IV
4	−9.00	3.10	0.38	IV	IV	IV
5	−9.70	4.10	0.38	IV	IV	IV
6	−7.64	—	—	IV	III	III
7	−67.95	63.28	1.67	I	III	I
8	−3.47	1.01	0.07	I	III	I
9	−5.96	2.27	0.18	IV	IV	IV
10	−7.61	3.62	0.48	IV	IV	IV
11	−16.97	14.53	1.45	III	III	III
12	−10.56	4.29	0.43	III	II	II
13	−6.60	3.80	0.32	IV	IV	IV
14	−18.57	17.58	1.26	III	IV	III
15	−6.48	2.08	0.13	IV	IV	IV

建筑序号	沉降（mm）	差异沉降（mm）	倾斜度（‰）	受损等级	风险等级	安全等级
16	−5.98	1.84	1.31	Ⅲ	Ⅲ	Ⅲ
17	−11.48	10.22	0.70	Ⅲ	Ⅲ	Ⅲ
18	−11.98	5.09	0.50	Ⅲ	Ⅳ	Ⅲ
19	−10.66	5.47	1.00	Ⅳ	Ⅳ	Ⅳ
20	−3.30	1.00	—	Ⅳ	Ⅲ	Ⅲ
21	−18.90	5.00	—	Ⅲ	Ⅱ	Ⅱ
22	−4.00	1.00	—	Ⅳ	Ⅱ	Ⅱ

5 减少基坑施工对邻近建筑影响的技术措施

减小基坑施工对周边环境影响的手段可概括为"源头控制、路径隔断、对象保护"三点[85,94]。"源头控制"即从基坑工程自身为切入点,通过采取有效的设计及施工措施,改善基坑内外土体应力应变状态,减少基坑内外土体的移动,进而减少邻近建筑位移。"路径隔断"为采取隔断方法,切断基坑变形的传播路径,以阻止建筑附近土体随基坑周围边土体移动而位移。"对象保护"是指通过提高基坑周边邻近建筑的抵抗变形能力达到保护邻近建筑的目的,其可发生在基坑开挖前或开挖过程中。

基坑开挖是一个复杂的土与结构相互作用过程,土体力学性质的复杂性及基坑施工条件的多变性,使得基坑开挖过程中土体应力应变状态不断变化且较为复杂。为控制基基坑周边土体及周边建筑变形在合理的范围内,需要从设计及施工等方面采取必要措施。本章从"源头控制、路径隔断、对象保护"三方面,介绍了一系列减小基坑施工对邻近建筑影响的设计与施工技术措施。

5.1 设计措施

5.1.1 设计措施概述

基坑围护设计中,包括围护体系总体选型、围护墙设计、支撑设计及地基加固等方面。在按照基坑变形控制设计时,应先根据基坑开挖深度及规模、工程地质条件、周边环境变形控制要求及当地工程经验,确定初步的设计方案,然后根据经验法或数值方法预测基坑开挖引起的地表及建筑沉降,并根据预测结果采纳或调整基坑方案。对方案的选择及调整,有赖于对各设计措施的充分认识。

1. 围护体系选型

基坑工程应依据现行规范要求,在确定基坑安全等级时,结合周边环境保护等级确定。围护体系的选型包括围护形式、围护墙及支撑体系的选择。基坑工程应按照现行规范要求,根据基坑开挖深度、重要程度及周边环境保护要求,确定不同的安全等级;并按相应安全等级、开挖深度、工程地质条件、环境保护等级及场地条件等选择适宜的围护形式。

围护墙应根据工程地质条件、施工对周边环境的影响等，选择安全合理、施工可行的围护墙。当周边环境变形控制要求较高时，不应选择施工对周边环境影响较大的挤土桩型。当基坑开挖深度较深、地质条件差或基坑变形控制要求严格时，宜采用结合内支撑的桩墙式围护结构。

2. 围护墙设计

（1）围护墙刚度

增加围护墙刚度，可以提高围护结构自身抗变形能力，从减小基坑周边土体位移。但当围护墙刚度增大到一定程度后，其对基坑周边土体位移的减小幅度有限，而其围护造价增幅较大，因此可在一定范围内增加围护墙刚度。

（2）围护墙插入深度

对于软土地层中的深基坑，当围护墙底位于硬土中时，可有效地防止桩底踢脚变形，其对控制基坑外侧土体位移效果明显；此时再增加围护墙插入深度，对进一步减小基坑周边土体位移效果欠佳，因此围护墙底位于硬土中时，保证足够的入硬土层深度及嵌固比即可。当硬土层埋藏很深，围护墙底进入硬土层代价较大时，可适当增加围护墙插入深度，以减小深层土体位移。

3. 支撑设计

（1）支撑道数

增加支撑道数，可较大幅度增加围护结构刚度，因此加密支撑对控制位移效果明显。一般情况下支撑道数可按照正常设计，但由于地下室层高较大或基础筏板较厚，导致支撑间距过大时，宜增加支撑道数。

第一道支撑设置前，围护墙为悬臂式结构，其最大位移位于墙顶，对基础埋深浅的浅基础建筑位移影响较大，因此宜减小第一道支撑前的开挖深度。根据软土地区的工程经验，随着土方开挖，有内支撑的围护墙最大变形位置逐渐下移，并在开挖至坑底时达到最大值，最大值一般位于开挖面附近。如果最下道支撑距离坑底面高度较小，则从最下道支撑底开挖至基坑底的过程中，围护墙位移增幅较小，因此宜适当减小最大一道支撑距离基坑底面的高度。

（2）支撑预应力

对支撑体系采用钢支撑时，在架设钢支撑时及时施加预应力，可增加围护墙外侧主动土压力区的土体水平应力，从而减少墙内侧被动土压力区的土体水平应力，增加墙内、外侧土体抗剪强度，减小基坑内、外侧土体位移和邻近建筑位移。根据以往工程经验，较于不加支撑预应力时，及时架设钢支撑并施加轴力时，可减少 50% 的围护墙位移。

4. 地基加固

对基坑内、外侧土体进行适当加固，可有效提高基坑内、外土体的强度和刚度，对于减小基坑内、外侧土层移动效果明显。在软土地基中，基坑土体加固的方式包括双轴搅拌桩、三轴搅拌桩及高压旋喷桩等。通过搅拌桩、旋喷桩等方法在地基中掺入一定量的固化剂，能有效提高土体的抗侧向变形的能力，提高土体压缩模量进而减少土体压缩和围护墙位移，减少基坑开挖对环境的不利影响。

应根据工程地质条件、加固体深度及变形控制要求选择搅拌桩或旋喷桩对土体进行加固。当变形控制要求较高时，建议优先选用三轴搅拌桩或旋喷桩加固土体。

基坑土体加固平面布置形式有满膛式、格栅式、裙边式、抽条式、墩式、裙边结合抽条式及裙边结合墩式。可根据周边环境保护要求及基坑形状特点选择适宜的布置形式。在基坑尺寸较小且环境保护要求较高时，宜采用满膛式加固；基坑平面形状为狭长型时，宜采用格栅式、抽条式或裙边结合抽条式；基坑较宽时宜采用裙边式或裙边结合墩式。

竖向布置形式包括平板式、回掺式、分层式及阶梯式。当基坑开挖深度很深且淤泥质土层深厚时，可在坑底面以上对二道支撑下方土体回掺 6%～12% 的水泥；当坑底以上土体局部含相对好土层时，对坑底面以上土体采用分层回掺的方式。

加固土的强度及截面置换率应满足加固体的性能要求，面积置换率宜为 0.6～0.8，在淤泥质土层、基坑开挖深度较深或环境保护要求较高时，宜选用大值。在环境保护要求较高时，坑底面以下加固土深度一般不宜小于 4m，坑底被动区加固体宽度宜取 0.5～1.0 倍的开挖深度，且不宜小于 5m。

相邻桩的搭接长度不应小于 150mm，紧贴围护墙的一排加固桩体宜连续布置，且应采取有效措施确保加固体与围护墙密贴；当加固体采用搅拌桩时，应在搅拌桩与围护墙之间的空隙采用旋喷桩或注浆措施以确保密贴。

5. 地下水控制

当基坑开挖范围内的软土层夹有薄砂层时，在基坑开挖前就开始降水，不仅方便基坑土体开挖，而且可以提高土体强度和刚度，起到加固土体的效果。当基坑底存在承压含水层且坑底抗突涌稳定性不满足要求时，应设置减压降水井，降低承压水头。

应根据基坑规模、基坑深度、水文地质条件及周边环境条件选择适宜的降水井类型，并预估降水引起的周边地面沉降及对周边环境的影响。

基坑外侧需设置止水挡漏土帷幕，截水帷幕在平面上应形成封闭截水体系，竖向上应保证连续；当环境保护要求较高时，基坑外侧隔水帷幕应进入含水层底板以下的相对隔水层。当降水影响范围内存在变形控制严格的建（构）筑物时，宜在基坑外侧设置回灌井。

6. 路径隔断（隔离桩）

在减小深基坑开挖导致邻近既有建筑物变形的控制措施中，除基坑本身可采取的加固措施外，隔离桩是另一种具有可行性的技术措施。隔离桩是基于"路径隔断"原理，在源头与保护对象之间的土体中成排设置桩构件，隔离由源头传来的应力或变形的一种控制措施。

目前隔离桩已成为减小基坑施工对邻近建筑物影响的常用方法之一，隔离桩可采用的桩型为地下连续墙、钻孔灌注桩、树根桩及深层搅拌桩等，也可采用注浆加固形成隔断墙体。根据隔离桩的设置形式不同，可分为普通隔离桩、门架式隔离桩及埋入式隔离桩，各类隔离桩控制邻近建筑物变形的效果也不尽相同。

（1）普通隔离桩

普通隔离桩为桩顶标高设置在地表的单排连续性的隔断桩墙，其排列形式可为一字形或波浪形。已有的数值模拟结果及工程经验表明[95-96]，当隔离桩桩顶标高接近地表时，地表浅层附近土体的位移明显减小，但地表以下一定深度范围内的土体，其水平位移反而增大，这被理解为隔离桩对这部分土体存在水平向"牵引作用"。因此，普通隔离桩可显著减小基坑周边地表建筑物的位移，特别适用于对基坑周边地表建筑物的保护；当变形减小量大于"牵引作用"导致的变形增加量，则对深层水平位移控制也会有正面效果。

普通隔离桩的各设计参数对变形控制效果影响较大，当隔离桩桩底位于良好嵌固端时，对减小建筑物变形效果较好；隔离桩刚度越大，对减小变形效果越好，但刚度增大到一定程度时，控制效果增幅较小；隔离桩最优设置位置，与基坑开挖深度、被保护建筑物与隔离桩的距离相关，宜设置在基坑周边最大地表沉降处或靠近被保护建筑物位置，同时也需考虑隔离桩施工对被保护建筑物的影响。绿地中心波浪形隔离桩，如图 5-1 所示。

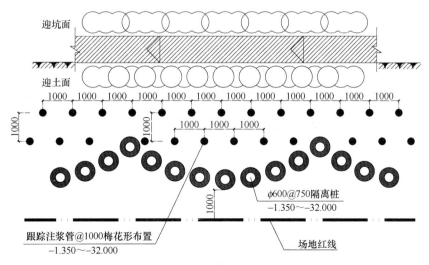

图 5-1　绿地中心波浪形隔离桩

（2）门架式隔离桩

门架式隔离桩即将隔离桩桩顶标高设置在地表，通过顶部连梁将围护桩与隔离桩联系成一个整体形成门架式结构，共同发挥作用。门架式隔离桩可说是为减小普通隔离桩对深部土体的"牵引作用"而改进的隔离桩。围护桩与隔离桩连接形成的门架式隔离桩，实际增大了围护墙刚度，使基坑开挖导致的围护墙变形（源头变形）量减小，适用于对基坑周边地表建筑物的保护；当变形减小量大于"牵引作用"导致的变形增量时，则对深层水平位移控制也会有正面效果。

门架式隔离桩的各设计参数对变形控制效果影响也较大，当隔离桩桩底位于良好嵌固端时，对减小建筑物变形效果较好；隔离桩刚度越大，对减小变形效果越好，但刚度增大到一定程度时，控制效果增幅较小；隔离桩与围护桩之间的距离，建议参考相关文献中要求控制在 2～6 倍桩径。门架式隔离桩连梁刚度对基坑周边被保护建筑物水平位移和沉降影响整体较小，非主要影响因素。东部新城门户区南区 3 号地铁门架式隔离桩。门架式隔离桩示意图见图 5-2。

（3）埋入式隔离桩

埋入式隔离桩即将隔离桩桩顶标高设置在地表以下一定深度的单排连续性的隔断桩墙。埋入式隔离桩是在普通隔离桩的基础上发展起来的，通过缩短位于基坑周边主要位移影响区内的隔离桩桩段长度，减小上部土体位移对隔离桩的作用，从而减弱"牵引"作用。埋入式隔离桩对减小深部土体位移效果明显，特别适用于埋深较大的构筑物，如区间隧道、电力隧道、共同沟及下穿隧道等。

埋入式隔离桩埋深对水平位移控制效率影响显著，对竖向位移影响相对不明显。埋入式隔离桩的各设计参数对变形控制效果影响也较大，当隔离桩桩底位于良好嵌固端时，对减小建筑物变形效果较好；隔离桩刚度越大，对减小变形效果更好，但刚度增大到一定程度时，控制效果增幅较小；当隔离桩埋深位于地下构筑物所在区域时，埋入式隔离桩对地下构筑物的变形控制效果最好。

另外，由于埋入式隔离桩桩顶位于地表以下，施工时需采取措施保证桩顶标高、桩身质量、桩头质量和桩身垂直度等满足设计要求。埋入式隔离桩桩顶至地表范围的钻孔需用土体回填密实，防止孔周土体产生向孔内的位移。埋入式隔离桩示意图，见图 5-3。

5.1.2　设计参数敏感性分析[97]

为减少基坑施工对周边建筑的影响，实际设计时应要求采取一些保护措施。如果无法充分认识各措施控制变形能力，则可能导致所采取的设计措施达不到相应的保护效果，或者因采取了过于保守的设计措施而造成浪费。因此，有必要研究各设计措施对于

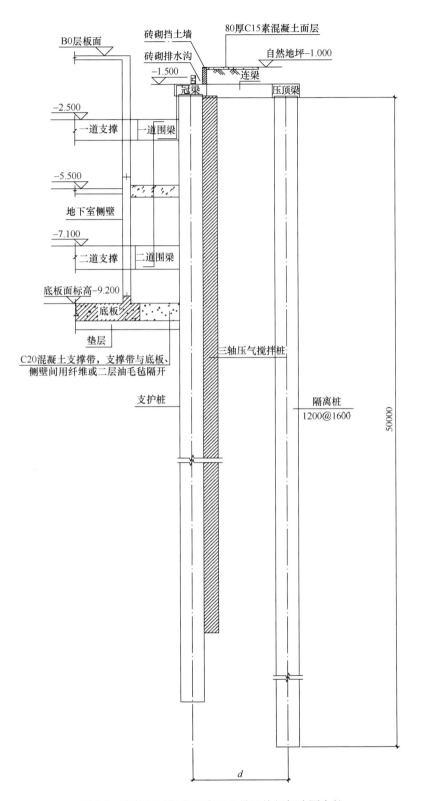

图 5-2　东部新城门户区南区 3 号地块门架式隔离桩

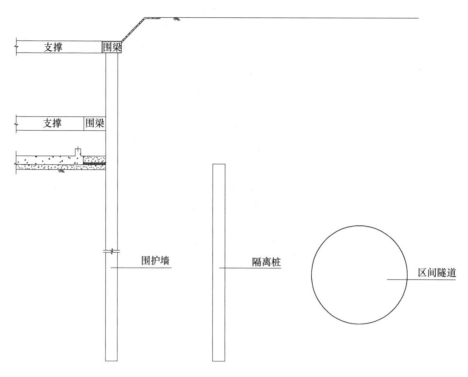

图 5-3   埋入式隔离桩示意图

减小基坑及周边建筑变形的能力，分清主次；同时，为将变形控制在合理范围内，需要对各设计措施的效能做定量化研究，为具体措施参数的选取提供依据。

本章 5.1.2～5.1.4 节以宁波市机场快速干道永达路连接线工程明挖隧道紧邻市救助管理站区段及紧邻金都嘉园区段基坑工程为例，对各设计参数敏感性、变形控制效果及经济性进行分析。

5.1.2.1   正交试验设计

1. 基坑的设计参数

为了分析围护墙插入比、围护墙刚度、坑底加固体置换率、坑底加固深度等多个设计参数对基坑性状及周边环境的影响，采用正交试验对多因素进行了分析。具体设计如下：

（1）指标：选取能反映基坑性状及基坑开挖对周边建筑物影响的以下指标：

围护墙最大侧移（δ_{hm}）、坑周边土体地表最大沉降（δ_{vm}）、周边建筑物最大沉降（δ_{vm1}）、周边建筑物沉降差（$\Delta\delta_{vm1}$）。

（2）因素：选取四个设计参数进行分析，即围护墙插入比、围护墙刚度、坑底加固体置换率、坑底加固深度。

（3）水平：对以上四个因素均取四个水平。

围护墙插入比定义为围护墙在桩底以下的深度与基坑开挖深度的比值，其对基坑的抗倾覆与抗隆起稳定性有较大影响。根据基坑开挖深度及支撑设置情况，定义围护墙插入比四个水平：0.9、1.1、1.3、1.5。

增大围护墙刚度（EI）可以减少墙体位移，围护墙刚度（EI）与墙厚的 4 次方呈正比，因此选取围护墙厚度作为变化因素。定义围护墙墙厚四个水平：600mm、700mm、800mm、900mm。

对于软土地基，坑底加固对基坑变形影响显著。坑底加固体置换率的大小、坑底加固深度的大小，都会对基坑性状产生影响。对坑底加固体置换率取 0.3、0.5、0.7、0.9 四个水平，对坑底加固深度取坑底以下 3m、5.5m、8m、10.5m 四个水平。

本次正交试验的影响因素和分析见表 5-1，采用 L_{16}（4^5）正交表，多出一列作为误差评估项，各因素及各水平的组合详见表 5-2。

表 5-1 因素水平表

水平	因素			
	围护墙插入比	围护墙墙厚（mm）	加固体置换率	坑底加固深度（m）
1	0.9	600	0.3	3
2	1.1	700	0.5	5.5
3	1.3	800	0.7	8
4	1.5	900	0.9	10.5

表 5-2 正交试验设计表

试验	因素			
	围护墙插入比	围护墙墙厚（mm）	加固体置换率	坑底加固深度（m）
1	1(0.9)	1(600)	1(0.3)	1(3)
2	1(0.9)	2(700)	2(0.5)	2(5.5)
3	1(0.9)	3(800)	3(0.7)	3(8)
4	1(0.9)	4(900)	4(0.9)	4(10.5)
5	2(1.1)	1(600)	2(0.5)	3(8)
6	2(1.1)	2(700)	1(0.3)	4(10.5)
7	2(1.1)	3(800)	4(0.9)	1(3)
8	2(1.1)	4(900)	3(0.7)	2(5.5)
9	3(1.3)	1(600)	3(0.7)	4(10.5)
10	3(1.3)	2(700)	4(0.9)	3(8)
11	3(1.3)	3(800)	1(0.3)	2(5.5)
12	3(1.3)	4(900)	2(0.5)	1(3)
13	4(1.5)	1(600)	4(0.9)	2(5.5)
14	4(1.5)	2(700)	3(0.7)	1(3)
15	4(1.5)	3(800)	2(0.5)	4(10.5)
16	4(1.5)	4(900)	1(0.3)	3(8)

注：括号内表示相应因素水平的实际取值。

2. 基坑周边隔离桩的设计参数

为了分析隔离桩桩长、隔离桩刚度、隔离桩与基坑距离等多个设计参数对有隔离桩的基坑性状及周边环境的影响，采用正交试验对多因素进行了分析。具体设计如下。

（1）指标：选取对隔离桩的设置较为敏感，并能反映对基坑性状及基坑开挖对周边建筑物影响的以下指标：临隔离桩侧围护墙最大侧移（δ_{hm}）、临隔离桩侧土体最大沉降（δ_{vm}）、周边建筑物最大沉降（δ_{vml}）、周边建筑物沉降差（$\Delta\delta_{vml}$）。

（2）因素：选取三个设计参数进行分析，即隔离桩桩长、隔离桩刚度、隔离桩与基坑距离。

（3）水平：对以上三个因素均取四个水平。

隔离桩必须穿过土体滑动区并嵌入下部土层一定深度才能有效控制土体位移，减小周边建筑物沉降。定义隔离桩桩长四个水平：15m、20m、25m、30m。

隔离桩必须具有一定的刚度才能减小土体位移，隔离桩刚度（EI）与桩径的 4 次方呈正比，因此选取隔离桩桩径作为变化因素。定义隔离桩桩径四个水平：400mm、500mm、600mm、700mm。

考虑施工因素，隔离桩与基坑的距离（或与建筑物的距离）受建筑与基坑之间距离的限制。对于紧邻市救助管理站区段，基坑与建筑物之间最近约 4.5m，隔离桩与基坑的距离取 1m、2m、3m、4m 四个水平；对于紧邻金都嘉园区段，基坑与建筑物之间最近约 12m，隔离桩与基坑的距离取 2m、4m、6m、8m 四个水平。

隔离桩的正交试验影响因素和分析见表 5-3、表 5-4，采用 L_{16}（4^5）正交表，多出两列作为误差评估项，各因素及各水平的组合详见表 5-5、表 5-6。

表 5-3　隔离桩各因素水平表（紧邻市救助管理站区段）

试验	因素		
	隔离桩桩长（m）	隔离桩桩径（mm）	隔离桩与基坑距离（m）
1	15	400	1
2	20	500	2
3	25	600	3
4	30	700	4

表 5-4　隔离桩各因素水平表（紧邻金都嘉园区段）

试验	因素		
	隔离桩桩长（m）	隔离桩桩径（mm）	隔离桩与基坑距离（m）
1	15	400	1
2	20	500	2
3	25	600	3
4	30	700	4

表 5-5 隔离桩正交试验设计表（紧邻市救助管理站区段）

试验	因素		
	隔离桩桩长（m）	隔离桩桩径（mm）	隔离桩与基坑距离（m）
1	1(15)	1(400)	1(1)
2	1(15)	2(500)	2(2)
3	1(15)	3(600)	3(3)
4	1(15)	4(700)	4(4)
5	2(20)	1(400)	2(2)
6	2(20)	2(500)	1(1)
7	2(20)	3(600)	4(4)
8	2(20)	4(700)	3(3)
9	3(25)	1(400)	3(3)
10	3(25)	2(500)	4(4)
11	3(25)	3(600)	1(1)
12	3(25)	4(700)	2(2)
13	4(30)	1(400)	4(4)
14	4(30)	2(500)	3(3)
15	4(30)	3(600)	2(2)
16	4(30)	4(700)	1(1)

表 5-6 隔离桩正交试验设计表（紧邻金都嘉园区段）

试验	因素		
	隔离桩桩长（m）	隔离桩桩径（mm）	隔离桩与基坑距离（m）
1	1(15)	1(400)	1(2)
2	1(15)	2(500)	2(4)
3	1(15)	3(600)	3(6)
4	1(15)	4(700)	4(8)
5	2(20)	1(400)	2(4)
6	2(20)	2(500)	1(2)
7	2(20)	3(600)	4(8)
8	2(20)	4(700)	3(6)
9	3(25)	1(400)	3(6)
10	3(25)	2(500)	4(8)
11	3(25)	3(600)	1(2)
12	3(25)	4(700)	2(4)
13	4(30)	1(400)	4(8)
14	4(30)	2(500)	3(6)
15	4(30)	3(600)	2(4)
16	4(30)	4(700)	1(2)

注：括号内表示相应因素水平的实际取值。

根据设计的有隔离桩的基坑正交试验，分别建立了相应的有限元模型，典型的模型见图 5-4、图 5-5。

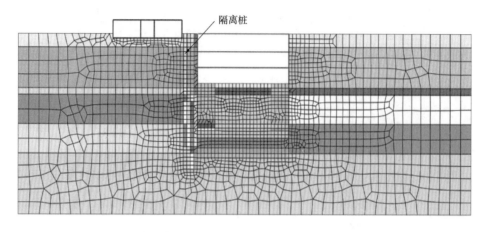

图 5-4　有隔离桩的有限元模型（紧邻市救助管理站区段）

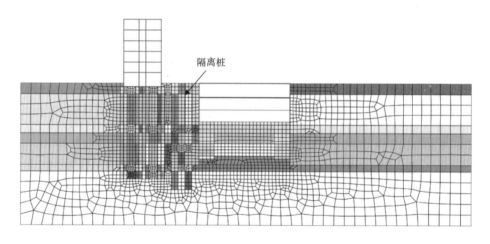

图 5-5　有隔离桩的有限元模型（紧邻金都嘉园区段）

5.1.2.2　基坑设计参数敏感性分析

1. 紧邻市救助管理站区段

对明挖隧道紧邻市救助管理站区段进行正交试验，得到如表 5-7 所示的试验结果。对于各设计参数，分别运用极差分析和方差分析，得到各因素对各指标的影响。

表 5-7　无隔离桩的正交试验结果（紧邻市救助管理站区段）

试验	结果（mm）			
	δ_{hm}	δ_{vm}	δ_{vml}	$\Delta\delta_{vl}$
1	48.5	58.2	23	12.3
2	38.5	56	19.9	10.5
3	30.9	54.5	17.2	9

试验	结果（mm）			
	δ_{hm}	δ_{vm}	δ_{vml}	$\Delta\delta_{v1}$
4	24.3	52.2	15.3	7.9
5	29.3	50.4	16.7	9
6	31.5	52.7	17.3	9
7	36.8	55.9	19.9	10.4
8	31.8	54.8	18.2	9.4
9	35.5	52.8	18.1	9.5
10	32.7	53.2	18	9.3
11	32.9	53.9	18.8	9.7
12	33.9	54.4	18.7	9.6
13	41.2	54.7	20.6	10.8
14	39.5	54.6	20.7	10.8
15	26.7	51.5	16.3	8.4
16	26.6	52.4	17.2	8.8

（1）对围护墙最大侧移的敏感性分析

极差越大，表示该因素在试验范围内变化时，对应的试验指标数值的变化越大。通过方差比与方差比临界值的对比，可以得到各因素对试验指标的影响是否显著，在什么水平上显著。查《F分布数值表》可知，可靠度为95％时的方差比临界值 $F_{0.05}=9.28$，可靠度为90％时的方差比临界值 $F_{0.10}=5.39$。

由表5-8可知，坑底加固深度对围护墙最大侧移影响的显著水平（可靠度）在95％，围护墙墙厚对围护墙最大侧移影响的显著水平（可靠度）在90％。随着坑底加固深度加深或围护墙墙厚增大，围护墙最大侧移均单调递减。其他因素对围护墙最大侧移影响不显著。

表5-8 围护墙最大侧移

因素	围护墙插入比	围护墙墙厚	加固体置换率	坑底加固深度
K_1	35.55	38.63	34.88	39.68
K_2	32.35	35.55	32.10	36.10
K_3	33.75	31.83	34.43	29.88
K_4	33.50	29.15	33.75	29.50
极差	3.20	9.48	2.78	10.18
偏差平方和	21.03	207.46	17.75	294.80
方差	7.01	69.15	5.92	98.27
方差比	0.93	9.22	0.79	13.10

注：表中，K_1、K_2、K_3和K_4分别为对应因素所对应的试验指标的平均值。

（2）对坑外土体最大沉降的敏感性分析

由表 5-9 可知，坑底加固深度在对坑外土体最大沉降影响的显著水平（可靠度）在 90％时，随着坑底加固深度加深，坑外土体最大沉降单调递减。其他因素对坑外土体最大沉降影响不显著。

表 5-9　坑外土体最大沉降

因素	围护墙插入比	围护墙墙厚	加固体置换率	坑底加固深度
K_1（mm）	55.23	54.03	54.30	55.78
K_2（mm）	53.45	54.13	53.08	54.85
K_3（mm）	53.58	53.95	54.18	52.63
K_4（mm）	53.30	53.45	54.00	52.30
极差	1.92	0.67	1.23	3.48
偏差平方和	9.69	1.08	3.70	34.41
方差	3.23	0.36	1.23	11.47
方差比	2.50	0.28	0.95	8.87

（3）对周边建筑物地表最大沉降的敏感性分析

由表 5-10 可知，坑底加固深度对周边建筑物地表最大沉降影响的显著性水平（可靠度）在 95％，围护墙墙厚对周边建筑物地表最大沉降影响的显著性水平（可靠度）在 90％。随着坑底加固深度加深或围护墙墙厚增大，周边建筑物地表最大沉降均单调递减，其他因素对周边建筑物地表最大沉降影响不显著。

表 5-10　周边建筑物地表最大沉降

因素	围护墙插入比	围护墙墙厚	加固体置换率	坑底加固深度
K_1（mm）	18.85	19.60	19.08	20.58
K_2（mm）	18.03	18.98	17.90	19.38
K_3（mm）	18.40	18.05	18.55	17.28
K_4（mm）	18.70	17.35	18.45	16.75
极差	0.82	2.25	1.18	3.83
偏差平方和	1.59	11.84	2.78	38.54
方差	0.53	3.95	0.93	12.85
方差比	0.79	5.88	1.38	19.13

（4）对周边建筑物地表沉降差的敏感性分析

由表 5-11 可知，坑底加固深度对周边建筑物地表沉降差影响的显著性水平（可靠度）在 95％，围护墙墙厚对周边建筑物地表沉降差影响的显著性水平（可靠度）在 90％。随着坑底加固深度加深或围护墙墙厚增大，周边建筑物地表沉降差均单调递减。其他因素对周边建筑物地表沉降差影响不显著。

表 5-11　周边建筑物地表沉降差

因素	围护墙插入比	围护墙墙厚	加固体置换率	坑底加固深度
K_1（mm）	9.93	10.40	9.95	10.78
K_2（mm）	9.45	9.90	9.38	10.10
K_3（mm）	9.53	9.38	9.68	9.03
K_4（mm）	9.70	8.93	9.60	8.70
极差	0.48	1.48	0.57	2.08
偏差平方和	0.53	4.91	0.67	11.04
方差	0.18	1.64	0.22	3.68
方差比	0.93	8.49	1.17	19.13

2. 紧邻金都嘉园区段

对明挖隧道紧邻金都嘉园区段进行正交试验，得到如表 5-12 所示的试验结果。对于各设计参数，分别运用极差分析和方差分析，得到各因素对各指标的影响。

表 5-12　无隔离桩的正交试验结果（紧邻金都嘉园区段）

试验	结果（mm）			
	δ_{hm}	δ_{vm}	δ_{vm1}	$\Delta\delta_{v1}$
1	48.5	58.2	23	12.3
2	38.5	56	19.9	10.5
3	30.9	54.5	17.2	9
4	24.3	52.2	15.3	7.9
5	29.3	50.4	16.7	9
6	31.5	52.7	17.3	9
7	36.8	55.9	19.9	10.4
8	31.8	54.8	18.2	9.4
9	35.5	52.8	18.1	9.5
10	32.7	53.2	18	9.3
11	32.9	53.9	18.8	9.7
12	33.9	54.4	18.7	9.6
13	41.2	54.7	20.6	10.8
14	39.5	54.6	20.7	10.8
15	26.7	51.5	16.3	8.4
16	26.6	52.4	17.2	8.8

（1）对围护墙最大侧移的敏感性分析

由表 5-13 可知，围护墙墙厚对围护墙最大侧移影响的显著性水平（可靠度）在 95%，坑底加固深度对围护墙最大侧移影响的显著性水平（可靠度）在 90%。随着坑底加固深度加深或围护墙墙厚增大，围护墙最大侧移均单调递减。其他因素对围护墙最大侧移影响不显著。

表 5-13　围护墙最大侧移

因素	围护墙插入比	围护墙墙厚	加固体置换率	坑底加固深度
K_1（mm）	24.33	29.13	25.90	27.00
K_2（mm）	24.30	25.25	24.23	24.75
K_3（mm）	24.08	22.33	24.13	24.00
K_4（mm）	25.58	21.58	24.03	22.53
极差	1.50	7.55	1.88	4.48
偏差平方和	5.55	140.88	9.53	41.78
方差	1.85	46.96	3.18	13.93
方差比	1.13	28.68	1.94	8.51

（2）对坑外土体最大沉降的敏感性分析

由表 5-14 可知，坑底加固深度对坑外土体最大沉降影响的显著性水平（可靠度）在 95%，随着坑底加固深度加深，坑外土体最大沉降单调递减。其他因素对坑外土体最大沉降影响不显著。

表 5-14　坑外土体最大沉降

因素	围护墙插入比	围护墙墙厚	加固体置换率	坑底加固深度
K_1（mm）	39.73	39.88	39.95	40.43
K_2（mm）	39.70	39.45	39.45	39.78
K_3（mm）	39.38	39.33	39.55	39.30
K_4（mm）	39.50	39.65	39.35	38.80
极差	0.35	0.55	0.60	1.62
偏差平方和	0.33	0.69	0.83	5.76
方差	0.11	0.23	0.28	1.92
方差比	0.92	1.90	2.27	15.77

（3）对周边建筑物地表最大沉降的敏感性分析

由表 5-15 可知，围护墙墙厚对周边建筑物地表最大沉降影响的显著性水平（可靠度）在 95%，随着围护墙墙厚增大，周边建筑物地表最大沉降单调递减。其他因素对周边建筑物地表最大沉降影响不显著。

表 5-15　周边建筑物地表最大沉降

因素	围护墙插入比	围护墙墙厚	加固体置换率	坑底加固深度
K_1（mm）	11.45	10.95	11.65	11.68
K_2（mm）	11.65	11.35	11.60	11.65
K_3（mm）	11.63	11.80	11.58	11.53

因素	围护墙插入比	围护墙墙厚	加固体置换率	坑底加固深度
K_4（mm）	11.63	12.25	11.53	11.50
极差	0.20	1.30	0.12	0.17
偏差平方和	0.10	3.79	0.03	0.09
方差	0.03	1.26	0.01	0.03
方差比	4.56	168.33	1.44	4.11

（4）对周边建筑物地表沉降差的敏感性分析

由表 5-16 可知，围护墙墙厚和坑底加固深度对周边建筑物地表沉降差影响的显著性水平（可靠度）在 95%，围护墙墙厚对周边建筑物地表沉降差的影响最显著。随着围护墙墙厚增大，周边建筑物地表沉降差单调递增；随着坑底加固深度加深，周边建筑物地表沉降差单调递减。其他因素对周边建筑物地表沉降差影响不显著。

表 5-16 周边建筑物地表沉降差

因素	围护墙插入比	围护墙墙厚	加固体置换率	坑底加固深度
K_1（mm）	4.38	3.98	4.45	4.50
K_2（mm）	4.43	4.20	4.35	4.45
K_3（mm）	4.35	4.50	4.33	4.30
K_4（mm）	4.33	4.80	4.35	4.23
极差	0.10	0.83	0.13	0.27
偏差平方和	0.02	1.55	0.04	0.20
方差	0.01	0.52	0.01	0.07
方差比	1.84	130.26	3.11	16.58

5.1.2.3 有隔离桩的基坑设计参数敏感性分析

1. 紧邻市救助管理站区段

对有隔离桩的明挖隧道紧邻市救助管理站区段进行正交试验，得到如表 5-17 所示的试验结果。

表 5-17 有隔离桩的正交试验结果（紧邻市救助管理站区段）

试验号	试验结果（mm）			
	δ_{hm}	δ_{vm}	δ_{vml}	$\Delta\delta_{vl}$
1	28.6	17.7	17.7	8.8
2	28.5	17.7	17.7	8.7
3	28.3	17.6	17.6	8.7
4	28.2	17.5	17.5	8.3
5	28.2	17.5	17.5	8.6

试验号	试验结果（mm）			
	δ_{hm}	δ_{vm}	δ_{vm1}	$\Delta\delta_{v1}$
6	28.4	18	18	8.9
7	27.7	17.5	17.5	10.2
8	27.4	17.7	17.7	8.6
9	27.6	17.2	17.2	10.5
10	27.1	17	17	12.2
11	27.6	17.9	17.9	8.8
12	27	17.6	17.6	8.4
13	27.3	16.9	16.9	13.2
14	27.2	17.1	17.1	10.8
15	27.1	17.2	17.2	9.1
16	27	17.6	17.6	8.5

（1）对临隔离桩侧围护墙最大位移的敏感性分析

由表 5-18 可知，隔离桩桩长对临隔离桩侧围护墙最大侧移影响的显著性水平（可靠度）在 95%，随着隔离桩桩长加长，临隔离桩侧围护墙最大侧移单调递减。其他因素对临隔离桩侧围护墙最大侧移影响不显著。

表 5-18　临隔离桩侧围护墙最大位移

因素	隔离桩桩长	隔离桩桩径	隔离桩与基坑距离
K_1（mm）	28.40	27.93	27.90
K_2（mm）	27.93	27.80	27.70
K_3（mm）	27.33	27.68	27.63
K_4（mm）	27.15	27.40	27.58
极差	1.25	0.53	0.32
偏差平方和	3.93	0.60	0.24
方差	1.31	0.20	0.08
方差比	33.49	5.15	2.09

（2）对临隔离桩侧土体最大沉降的敏感性分析

由表 5-19 可知，隔离桩桩长及隔离桩与基坑距离对临隔离桩侧土体最大沉降影响的显著性水平（可靠度）在 95%，其中隔离桩与基坑距离影响最显著。随着隔离桩桩长加长或隔离桩与基坑距离递增，临隔离桩侧土体最大沉降整体单调递减。隔离桩桩径对临隔离桩侧土体最大沉降影响不显著。

表 5-19 临隔离桩侧土体最大沉降

因素	隔离桩桩长	隔离桩桩径	隔离桩与基坑距离
K_1 (mm)	17.63	17.33	17.80
K_2 (mm)	17.68	17.45	17.50
K_3 (mm)	17.43	17.55	17.40
K_4 (mm)	17.20	17.60	17.23
极差	0.47	0.27	0.57
偏差平方和	0.56	0.18	0.70
方差	0.19	0.06	0.23
方差比	16.35	5.15	20.27

（3）对周边建筑物地表最大沉降的敏感性分析

由表 5-20 可知，隔离桩桩长及隔离桩与基坑距离对周边建筑物地表最大沉降影响的显著性水平（可靠度）在 95%，其中隔离桩与基坑距离影响最显著。随着隔离桩桩长加长或隔离桩与基坑距离递增，周边建筑物地表最大沉降均单调递减。隔离桩桩径对周边建筑物地表最大沉降影响不显著。

表 5-20 周边建筑物地表最大沉降

因素	隔离桩桩长	隔离桩桩径	隔离桩与基坑距离
K_1 (mm)	17.63	17.33	17.80
K_2 (mm)	17.68	17.45	17.50
K_3 (mm)	17.43	17.55	17.40
K_4 (mm)	17.20	17.60	17.23
极差	0.47	0.27	0.57
偏差平方和	0.56	0.18	0.70
方差	0.19	0.06	0.23
方差比	16.35	5.15	20.27

（4）对周边建筑物地表沉降差的敏感性分析

由表 5-21 可知，隔离桩桩径及隔离桩与基坑距离对周边建筑物地表沉降差影响的显著性水平（可靠度）在 95%，隔离桩桩长对周边建筑物地表沉降差影响的显著性水平（可靠度）在 90%。各因素对周边建筑物地表沉降差的敏感性排序从高到低为隔离桩与基坑距离、隔离桩桩径、隔离桩桩长。

表 5-21 周边建筑物地表沉降差

因素	隔离桩桩长	隔离桩桩径	隔离桩与基坑距离
K_1 (mm)	8.63	10.28	8.75
K_2 (mm)	9.08	10.15	8.70

因素	隔离桩桩长	隔离桩桩径	隔离桩与基坑距离
K_3（mm）	9.98	9.20	9.65
K_4（mm）	10.40	8.45	10.98
极差	1.78	1.83	2.28
偏差平方和	7.92	8.86	13.60
方差	2.64	2.95	4.53
方差比	8.66	9.69	14.87

随着隔离桩桩长加长或隔离桩与基坑距离递增，周边建筑物地表沉降差均单调递增（为周边建筑物地表最小沉降更大幅度的减小所致）；随着隔离桩桩径加大，周边建筑物地表沉降差单调递减。

2. 紧邻金都嘉园区段

对有隔离桩的明挖隧道紧邻金都嘉园区段进行正交试验，得到如表 5-22 所示的试验结果。对于各设计参数，分别运用极差分析和方差分析，得到各因素对各指标的影响。

表 5-22 有隔离桩的正交试验结果（紧邻金都嘉园区段）

试验号	试验结果（mm）			
	δ_{hm}	δ_{vm}	δ_{vml}	$\Delta\delta_{vl}$
1	20.9	35.5	11.8	4.2
2	20.4	30.1	11.7	4
3	20.6	31.4	11.5	3.7
4	20.8	35.7	11.3	3.5
5	19.7	28.1	11.5	3.8
6	20.1	34.2	11.8	4.2
7	20.4	34.4	10.6	2.6
8	19.9	29.5	11.1	3.2
9	20	28.5	10.6	2.8
10	20.4	33.7	10	1.9
11	20	33.6	11.7	4
12	19.7	27.2	11.2	3.4
13	20.5	32.9	9	1.2
14	20	27.5	9.8	2.4
15	20	26	10.4	2.8
16	19.7	32	10.6	3.4

（1）对临隔离桩侧围护墙最大位移的敏感性分析

由表 5-23 可知，隔离桩桩长和隔离桩与基坑距离对临隔离桩侧围护墙最大侧移影响的显著性水平（可靠度）在 95%，其中隔离桩桩长影响最为显著。临隔离桩侧围护墙最大侧移并不随隔离桩桩长和隔离桩与基坑距离单调变化，当隔离桩长度大于 20m 时，其对临隔离桩侧围护墙最大侧移影响不大。随着隔离桩与基坑距离增加，临隔离桩侧围护墙最大侧移先变小后变大，该指标在隔离桩与基坑距离的各水平中，隔离桩与基坑距离 4m 为最优值。隔离桩桩径对临隔离桩侧围护墙最大侧移影响不显著。

表 5-23　临隔离桩侧围护墙最大位移

因素	隔离桩桩长	隔离桩桩径	隔离桩与基坑距离
K_1（mm）	20.68	20.28	20.18
K_2（mm）	20.03	20.23	19.95
K_3（mm）	20.03	20.25	20.13
K_4（mm）	20.05	20.03	20.53
极差	0.65	0.25	0.57
偏差平方和	1.24	0.16	0.70
方差	0.41	0.05	0.23
方差比	17.83	2.26	10.05

（2）对临隔离桩侧土体最大沉降的敏感性分析

由表 5-24 可知，隔离桩桩长及隔离桩与基坑距离对临隔离桩侧土体最大沉降影响的显著性水平（可靠度）在 95%，其中隔离桩与基坑距离影响最显著。随着隔离桩桩长加长，临隔离桩侧土体最大沉降整体单调递减。随着隔离桩与基坑距离增加，临隔离桩侧土体最大沉降先变小后变大，该指标在隔离桩与基坑距离的各水平中，隔离桩与基坑距离 4m 为最优值。隔离桩桩径对临隔离桩侧土体最大沉降影响不显著。

表 5-24　临隔离桩侧土体最大沉降

因素	隔离桩桩长	隔离桩桩径	隔离桩与基坑距离
K_1（mm）	33.18	31.25	33.83
K_2（mm）	31.55	31.38	27.85
K_3（mm）	30.75	31.35	29.23
K_4（mm）	29.60	31.10	34.18
极差	3.58	0.28	6.33
偏差平方和	27.07	0.19	123.38
方差	9.02	0.06	41.13
方差比	106.06	0.73	483.46

（3）对周边建筑物地表最大沉降的敏感性分析

由表 5-25 可知，隔离桩桩长及隔离桩与基坑距离对周边建筑物地表最大沉降影响的显著性水平（可靠度）在95%，其中隔离桩桩长影响最显著。随着隔离桩桩长加长或隔离桩与基坑距离递增，周边建筑物地表最大沉降均单调递减。隔离桩桩径对周边建筑物地表最大沉降影响不显著。

表 5-25　周边建筑物地表最大沉降

因素	隔离桩桩长	隔离桩桩径	隔离桩与基坑距离
K_1（mm）	11.58	10.73	11.48
K_2（mm）	11.25	10.83	11.20
K_3（mm）	10.88	11.05	10.75
K_4（mm）	9.95	11.05	10.23
极差	1.63	0.32	1.25
偏差平方和	5.92	0.32	3.59
方差	1.97	0.11	1.20
方差比	53.84	2.93	32.66

（4）对周边建筑物地表沉降差的敏感性分析

由表 5-26 可知，隔离桩桩长及隔离桩与基坑距离对周边建筑物地表沉降差影响的显著性水平（可靠度）在95%，其中隔离桩与基坑距离影响最显著。随着隔离桩桩长加长或隔离桩与基坑距离递增，周边建筑物地表沉降差均单调递减。隔离桩桩径对周边建筑物地表沉降差影响不显著。

表 5-26　周边建筑物地表沉降差

因素	隔离桩桩长	隔离桩桩径	隔离桩与基坑距离
K_1（mm）	3.85	3.00	3.95
K_2（mm）	3.45	3.13	3.50
K_3（mm）	3.03	3.28	3.03
K_4（mm）	2.45	3.38	2.30
极差	1.40	0.38	1.65
偏差平方和	4.31	0.33	5.97
方差	1.44	0.11	1.99
方差比	18.80	1.43	26.04

5.1.2.4　设计参数敏感性分析比较

本章中 5.1.2.2 节与 5.1.2.3 节用正交试验设计方法分别对无隔离桩与有隔离桩的基坑设计参数进行了敏感性分析，本节对以上两小节的分析结果进行对比分析，如表 5-27 与表 5-28 所示。表中 1、2、3、4 为参数的敏感性，1～4 表示参数对指标的影响越来越小，＊＊表示设计参数对指标影响的显著性水平（可靠度）在95%，＊表示设计参数对指标影响的显著性水平（可靠度）在90%。

表 5-27　设计参数敏感性对比

因素	紧邻市救助管理站区段				紧邻金都嘉园区段			
	δ_{hm}	δ_{vm}	δ_{vml}	$\Delta\delta_{vl}$	δ_{hm}	δ_{vm}	δ_{vml}	$\Delta\delta_{vl}$
围护墙插入比	3	2	4	4	4	4	2	4
围护墙墙厚	2*	4	2*	2*	1**	3	1**	1**
加固体置换率	4	3	3	3	3	2	4	3
坑底加固深度	1**	1*	1**	1**	2*	1**	3	2**

表 5-28　隔离桩设计参数敏感性对比

因素	紧邻市救助管理站区段				紧邻金都嘉园区段			
	δ_{hm}	δ_{vm}	δ_{vml}	$\Delta\delta_{vl}$	δ_{hm}	δ_{vm}	δ_{vml}	$\Delta\delta_{vl}$
隔离桩桩长	1**	2**	2**	3*	1**	2**	1**	2**
隔离桩桩径	2	3	3	2**	3	3	3	3
隔离桩与基坑距离	3	1**	1**	1**	2**	1**	2**	1**

由表 5-27 可以看出，对紧邻金都嘉园区段，围护墙墙厚对于围护墙最大侧移、邻近建筑物最大沉降和沉降差的影响最为显著；对紧邻市救助管理站区段，围护墙墙厚对于围护墙最大侧移、邻近建筑物最大沉降和沉降差的影响较为显著。因此，适当加大围护墙厚，对于控制墙身侧移、减小浅基础建筑物沉降效果明显。

对紧邻市救助管理站区段，坑底加固深度对于各项指标的影响最为显著；对紧邻金都嘉园区段，坑底加固深度对于坑外土体最大沉降的影响最为显著，对围护墙最大侧移和周边建筑物沉降差的影响较为显著。因此，适当加大坑底加固深度，对于控制墙身侧移、减小坑外土体沉降、减小浅基础建筑物沉降效果明显。

无论是对紧邻市救助管理站区段还是对紧邻金都嘉园区段，围护墙插入比和加固体置换率对各项指标的影响均不显著。由于当嵌固比为 0.9 时，两个区段的围护墙底均已进入相对好土层 5-1 粉质黏土层，因此加大围护墙插入比对于各项指标影响不大。尽管采用坑底加固相比于不采用坑底加固的情况，基坑及周边的变形显著减小，但由于加固体置换率（模量）与加固区的软弱土体的模量相差极大，所以加固体置换率从 0.3 增加到 0.9，实际体现出的变形控制效果并不显著。

由表 5-28 可知，除个别外，无论是对紧邻市救助管理站区段还是对紧邻金都嘉园区段，隔离桩桩长与隔离桩与基坑距离对各项指标的影响均较显著，而隔离桩桩径对各项指标的影响均不明显。

无论是对紧邻市救助管理站区段还是对紧邻金都嘉园区段，隔离桩桩长均为控制围护墙最大侧移的最大影响因素。对紧邻市救助管理站区段，隔离桩桩长大于 25m 后，围护墙最大侧移减小幅度减缓，而对紧邻金都嘉园区段，隔离桩桩长大于 20m 后，围护墙最大侧移不再减小，这是因为紧邻金都嘉园区段 5-1 层粉质黏土层埋藏较浅，隔离桩较早进入好土层，这也表明隔离桩桩底嵌入较好土层，对控制土体变形效果较好。

对紧邻市救助管理站区段，其与基坑最近距离为 4.5m，隔离桩与基坑距离的各水平差异较小；隔离桩与基坑距离对临隔离桩侧围护墙最大侧移影响不显著；随着隔离桩与基坑边距离的增加，土体最大沉降单调递减。对紧邻金都嘉园区段，其与基坑最近距离为 12m，隔离桩与基坑距离的各水平差异相对较大；随着隔离桩与基坑距离的增加，围护墙最大侧移与土体最大沉降均为先变小后变大，该指标在隔离桩与基坑距离的各水平中，隔离桩与基坑的距离为 4m 时为最优值。如将两个区段结合起来，则可看出隔离桩与基坑距离在更大水平范围内对各指标的影响：隔离桩与基坑距离对各项指标影响显著，且各指标随隔离桩与基坑距离的增加并非单调变化，即隔离桩与基坑距离存在设计最优值。

隔离桩桩径对各项指标的影响均不明显，因此在保证隔离桩具备一定刚度的前提下，再增大隔离桩桩径，对控制变形效果不明显。

5.1.3 设计措施的变形控制效果分析

在基坑设计中考虑控制坑外变形的措施主要有加强支护结构（包括支撑体系、围护墙）、采用土体加固、分区块开挖土体等。根据变形控制要求制定的设计方案常采用一种或多种措施结合的方案。当施工条件受限或受经济性制约时，可能仅采用其中的部分措施，因此需对方案中的措施进行取舍。在 5.1.2.4 节设计参数敏感性分析的基础上，本节定量探究各设计措施对变形的控制效果。

宁波市机场快速干道永达路连接线工程明挖隧道基坑沿线分布有众多的建筑物，变形控制要求很高，在设计中也采取了多项控制变形措施：如在开挖深度约 10m 区域采用一道钢筋混凝土支撑结合两道钢支撑、适当加大围护墙插入比及刚度、对坑底土体加固、分仓施工等。本小节针对实际采取的各项设计措施，定量分析它们对变形的控制效果。

1. 分析思路

为定量分析各设计措施对变形的控制效果，首先需确定用以反映变形控制效果的多项指标；之后确定拟研究的设计措施，并将其量化（包括对常规方案的量化和对加固方案的量化）；在指标和设计措施确定的前提下，拟定设计措施施加方案；最后通过各项指标的分析得出各项设计措施的变形控制效果。必须指出，本节中用以对比的措施选择的是软土地区常规的保护措施。

（1）变形指标与采用的设计措施

选取能反映基坑性状及基坑开挖对周边建筑物影响的指标：围护墙最大侧移（δ_{hm}）、坑外土体最大沉降（δ_{vm}）、周边建筑物最大沉降（δ_{vml}）、周边建筑物沉降差（$\Delta\delta_{vml}$）。

根据实际设计情况，选取了以下五种设计措施进行研究：

① 支撑道数：对于软土地区开挖深度约 11m 的基坑，较多采用两道混凝土支撑。宁波市机场快速干道永达路连接线工程基坑变形控制要求较高，因此设计时主要采用了一道混凝土支撑和两道钢支撑的设计方案，第一道混凝土支撑中心标高设置在自然地坪下 0.7m，第一、二道钢支撑中心标高分别设置在自然地坪下 4.0m、7.5m。对于设置两道混凝土支撑的常规方案，第一、二道支撑分别设置在自然地坪下 2.0m、7.0m。

② 围护墙插入比：适当增加插入深度，可以提高抗隆起稳定性，从而减小墙体位移。对于 11m 的基坑开挖深度，宁波地区围护墙采用约 1.1 的插入比较常规，实际设计时围护墙采用了 1.3 的插入比。

③ 围护墙厚度：适当增加墙体的刚度，对控制变形有利。较常规采用等效厚度为700mm 的围护墙或支护桩，实际设计时采用了 800mm 的地连墙。

④ 坑底加固：为控制变形，对坑底土体采取裙边加固，加固桩体采用单排高压旋喷桩结合六排三轴搅拌桩，加固宽度为 5.35m，坑底加固深度为 8m。这里与不考虑坑底加固进行了对比。

⑤ 分仓施工：已有的工程经验表明，分仓开挖基坑可有效地控制基坑变形。对于本明挖隧道，也采取了分仓开挖方案，利用 800mm 厚度地连墙将长条形基坑划分为多个区段，对划分后的区段进行"跳挖"，待前一个区段施工完顶板后，再进行下一区段的开挖。

分仓施工建立的模型见图 5-6 和图 5-7，实际建模时，明挖隧道的长度取为 200m，由周边建筑物中心向两个方向各延伸 100m，采用 800mm 厚连续墙将明挖隧道划分为 4个 50m 长区块；设置施工步骤时，采用隔区块开挖，即先同步开挖图中所示的 1 区块，待 1 区顶板施工完毕后，再开挖 2 区块。当不采用分仓施工时，建立的模型见图 5-8 和图 5-9，此时整个基坑的土体同步开挖。

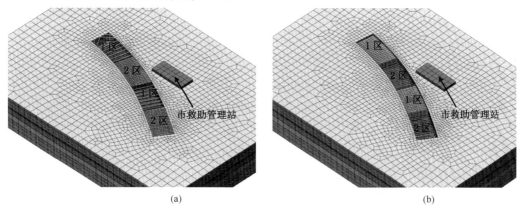

(a)   (b)

图 5-6 分仓模型（紧邻市救助管理站区段）

(a) 1 区开挖至坑底；(b) 2 区开挖至坑底

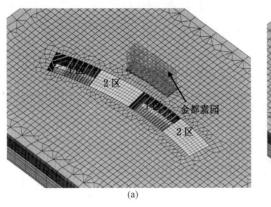
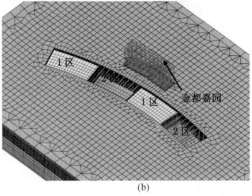

(a)　　　　　　　　　　　　　　　(b)

图 5-7　分仓模型（紧邻金都嘉园区段）

（a）1 区开挖至坑底；（b）2 区开挖至坑底

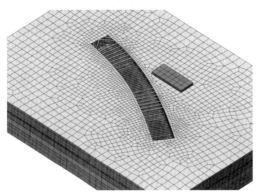

图 5-8　不分仓模型（紧邻市救助管理站区段）　　图 5-9　不分仓模型（紧邻金都嘉园区段）

为控制变形所采取的加固方案与常规方案的对比详见表 5-29。

表 5-29　设计措施对比表

设计措施	常规方案	加固方案
支撑道数	两道混凝土支撑	一道混凝土支撑和两道钢支撑
围护墙插入比	1.1	1.3
围护墙厚度	700mm	800mm
坑底加固	无	有（坑底加固深度 8m，宽度 5.35m）
分仓施工	无	有（每仓长度 50m，采用地连墙分隔）

（2）设计措施施加方案

为了分析各个设计措施对变形控制的效果，需从常规方案开始，逐渐施加设计措施并且每一个算例只施加一种措施，通过与上一算例的对比，即可得出该设计措施下各指标的变化情况。各设计措施的施加步序见表 5-30。

表 5-30 设计措施施加步序

设计措施	支撑体系	围护墙插入比	围护墙厚度（mm）	坑底加固	分仓施工
常规方案	两道混凝土支撑	1.1	700	无	无
支撑道数	一道混凝土支撑和两道钢支撑	1.1	700	无	无
围护墙插入比	一道混凝土支撑和两道钢支撑	1.3	700	无	无
围护墙墙厚	一道混凝土支撑和两道钢支撑	1.3	800	无	无
坑底加固	一道混凝土支撑和两道钢支撑	1.3	800	有	无
分仓施工	一道混凝土支撑和两道钢支撑	1.3	800	有	有

2. 各设计措施的变形控制效果

（1）各设计措施施加步序下的变形指标

各设计措施施加步序下的变形指标见表 5-31 和表 5-32，不考虑各措施的耦合作用，认为每一步序下的指标与上一步序的差值，即为该设计措施对该指标的绝对影响值。每施加一种设计措施，各项指标均有不同程度的减小，将每一步序下指标减小值与指标总体减小值相比，可得该设计措施对变形减小的贡献率。

表 5-31 各设计措施施加步序下的指标（紧邻市救助管理站区段）

设计措施	桩身最大侧移		土体最大沉降		建筑物最大沉降		建筑物沉降差	
	数值（mm）	贡献率（%）	数值（mm）	贡献率（%）	数值（mm）	贡献率（%）	数值（mm）	贡献率（%）
常规方案	53.1	—	59.5	—	27.6	—	13.2	—
支撑道数	45.2	28.7	57.5	28.6	22.7	44.1	12.0	25.0
围护墙插入比	43.7	5.5	56.1	20.0	22.2	4.5%	11.6	8.3
围护墙墙厚	38.5	18.9	55.4	10.0	20.9	11.7%	10.8	16.7
坑底加固	29.0	34.5	52.9	35.7	17.3	32.4%	8.9	39.6
分仓施工	25.6	12.4	52.5	5.7	16.5	7.2%	8.4	10.4

表 5-32 各设计措施施加步序下的指标（紧邻金都嘉园区段）

设计措施	桩身最大侧移		土体最大沉降		建筑物最大沉降		建筑物沉降差	
	数值（mm）	贡献率（%）	数值（mm）	贡献率（%）	数值（mm）	贡献率（%）	数值（mm）	贡献率（%）
常规方案	46.1	—	44.9	—	13.4	—	5.3	—
支撑道数	32.6	48.2	41.0	61.9	12.6	43.5	5.1	18.0
围护墙插入比	32.5	0.4	40.9	1.6	12.6	1.6	5.1	3.6
围护墙墙厚	28.5	14.3	40.4	7.9	12.3	14.7	4.9	21.6
坑底加固	21.0	26.8	38.8	25.4	11.8	29.3	4.4	41.4
分仓施工	18.1	10.4	38.6	3.2	11.6	10.9	4.2	15.3

（2）设计措施变形控制效果汇总

本小节分别定量分析了基坑设计措施对各指标的影响情况，将上述分析结果进行对比分析，如表5-33所示。表中1、2、3、4、5为参数对指标的影响程度，1～5表示参数对指标的影响程度越来越小，＊＊表示设计参数可将指标减低至20％以上，＊表示设计参数可将指标减低至10％以上。

表5-33　变形控制效果对比

设计措施	紧邻市救助管理站区段				紧邻金都嘉园区段			
	δ_{hm}	δ_{vm}	δ_{vml}	$\Delta\delta_{vl}$	δ_{hm}	δ_{vm}	δ_{vml}	$\Delta\delta_{vl}$
支撑道数	2＊＊	2＊＊	1＊＊	2＊＊	1＊＊	1＊＊	1＊＊	3＊
围护墙插入比	5	3＊＊	5	5	5	5	5	5
围护墙墙厚	3＊	4＊	3＊	3＊	3＊	3	3＊	2＊＊
坑底加固	1＊＊	1＊＊	2＊＊	1＊＊	2＊＊	2＊＊	2＊＊	1＊＊
分仓施工	4＊	5	5	4＊	4＊	4	4＊	4＊

对所研究的五种设计措施综合对比可知，支撑道数和坑底加固对指标的影响最大，除紧邻金都嘉园区段支撑道数对建筑沉降差的影响外，影响程度均在20％以上；围护墙墙厚对指标的影响次之，除紧邻金都嘉园区段围护墙墙厚对基坑周边地表沉降的影响外，影响程度均在10％以上；相比于以上三种措施，分仓施工对指标的影响较小，但对围护墙最大侧移的影响均在10％以上；围护墙插入比对指标的影响最小，仅紧邻金都嘉园区段对基坑周边地表沉降的影响在20％以上。

综合来看，支撑道数、坑底加固、围护墙墙厚和分仓施工对控制围护墙最大侧移较为有效，支撑道数、坑底加固对控制基坑周边土体最大沉降较为有效，支撑道数、坑底加固、围护墙墙厚对控制周边建筑物最大沉降和沉降差较为有效。因此，对于本节所模拟的工程而言，为最大限度地减小基坑周边土体变形，在保证基坑满足稳定性要求的前提下，最宜采取优化支撑体系标高、对坑底土体实施加固的方案，其次为采取分仓施工和适当加大围护墙墙厚方案。

需要指出的是，以上结论是针对表5-29的设定得出的，实际设计措施还可有不同的调整方案，得到不同的保护效果。如本节分仓施工对各项指标的减小程度并不明显，这主要和区块的划分如分仓长度、分仓地连墙与建筑物的相对位置等有关，当减小分仓长度或在建筑物位置设置分仓地连墙时，分仓措施对于控制基坑和建筑物变形的效果将更为明显。为验证以上观点，将原50m分仓长度调整为25m再次进行数值计算，两者结果的对比见表5-34和表5-35（其他措施的指标见表5-31和表5-32）。由对比可知，分仓长度减小为原来的1/2后，分仓措施对于变形控制的贡献率增大2～5倍。由表5-36可见，此时分仓施工对指标的影响较大。

表 5-34　不同分仓长度下的指标对比（紧邻市救助管理站区段）

设计措施	桩身最大侧移		土体最大沉降		建筑物最大沉降		建筑物沉降差	
	数值（mm）	贡献率（%）	数值（mm）	贡献率（%）	数值（mm）	贡献率（%）	数值（mm）	贡献率（%）
分仓施工（50m）	25.6	12.4	52.5	5.7	16.5	7.2	8.4	10.4
分仓施工（25m）	21.8	23.0	51.4	18.5	13.9	24.8	7.2	28.3

表 5-35　不同分仓长度下的指标对比（紧邻金都嘉园区段）

设计措施	桩身最大侧移		土体最大沉降		建筑物最大沉降		建筑物沉降差	
	数值（mm）	贡献率（%）	数值（mm）	贡献率（%）	数值（mm）	贡献率（%）	数值（mm）	贡献率（%）
分仓施工（50m）	18.1	10.4	38.6	3.2	11.6	10.9	4.2	15.3
分仓施工（25m）	14.3	21.1	37.6	16.4	11.4	19.6	4.1	24.2

表 5-36　变形控制效果对比

设计措施	紧邻市救助管理站区段				紧邻金都嘉园区段			
	δ_{hm}	δ_{vm}	δ_{vml}	$\Delta\delta_{vl}$	δ_{hm}	δ_{vm}	δ_{vml}	$\Delta\delta_{vl}$
支撑道数	2**	2**	1**	3**	1**	1**	1**	4*
围护墙插入比	5	4*	5	5	5	5	5	5
围护墙墙厚	4*	5	4	4*	4*	4	4*	3*
坑底加固	1**	1**	2**	1**	2**	2**	2**	1**
分仓施工（25m）	3**	3*	3**	2**	3**	3*	3*	2**

5.1.4　设计措施经济性分析

本节在 5.1.3 小节对各项设计措施变形控制效果定量研究的基础上，再对各项措施的经济性进行了分析，并通过费用和效益的比较，对各项措施进行技术经济评价。

1. 各设计措施的费用

明挖隧道基坑呈长条型，本书以每双线延米基坑的费用作为指标，分别对常规方案和加固方案进行了造价测算，得出加固措施需要增加的费用，并据此计算出了各项措施分别增加的费用与各项措施总共增加的费用的比值。所增加的费用详见表 5-37 与表 5-38。

表 5-37　各设计措施费用增加表（紧邻市救助管理站区段）

设计措施	常规方案（元/双延米）	加固方案（元/双延米）	增加的费用（元/双延米）	增加的费用占比（%）
支撑道数	6552	10348	3796	8.2
围护墙插入比	54978	60214	5236	11.3

设计措施	常规方案 (元/双延米)	加固方案 (元/双延米)	增加的费用 (元/双延米)	增加的费用占比 (%)
围护墙厚度	60214	68816	8602	18.6
坑底加固	0	10700	10700	23.1
分仓施工（50m）	0	17892	17892	38.7

表 5-38　各设计措施费用增加表（紧邻金都嘉园区段）

设计措施	常规方案 (元/双延米)	加固方案 (元/双延米)	增加的费用 (元/双延米)	增加的费用占比 (%)
支撑道数	6552	10348	3796	8.3
围护墙插入比	54026	59024	4998	11.0
围护墙厚度	59024	67456	8432	18.5
坑底加固	0	10700	10700	23.5
分仓施工（50m）	0	17892	17892	38.6

费用统计表明，各设计措施所增加的费用从小到大依次为支撑道数、围护墙插入比、围护墙厚度、坑底加固和分仓施工。增加支撑道数费用比例仅为 8%，而分仓施工增加的费用高达 39%。

2. 各设计措施价值分析

将各设计措施对各指标的贡献率作为产品功能，将各设计措施增加的费用所占比例作为产品成本，功能与成本的比值作为产品价值，得到表 5-39。

表 5-39　各设计措施价值分析

设计措施	紧邻市救助管理站区段				紧邻金都嘉园区段			
	δ_{hm}	δ_{vm}	δ_{vm1}	$\Delta\delta_{v1}$	δ_{hm}	δ_{vm}	δ_{vm1}	$\Delta\delta_{v1}$
支撑道数	3.50	3.48	5.38	3.04	5.77	7.41	5.21	2.16
围护墙插入比	0.48	1.77	0.40	0.74	0.03	0.14	0.15	0.33
围护墙墙厚	1.02	0.54	0.63	0.90	0.77	0.43	0.79	1.17
坑底加固	1.49	1.54	1.40	1.71	1.14	1.08	1.25	1.76
分仓施工	0.32	0.15	0.19	0.27	0.27	0.08	0.28	0.40

通过价值分析可知，支撑道数的价值最高，坑底加固的价值次之（两者的价值都大于 1），围护墙墙厚的价值居中，而围护墙插入比和分仓施工的价值最低（采用 25m 分仓长度时，分仓施工价值仍为最低）。需要指出的是，考虑挖土施工空间的限制（支撑竖向净距的限制），目前基坑中采用三道支撑方案已最为合理，进一步增加支撑道数的可能性不大，因此，采用坑底加固措施是类似工程设计措施的首选。另外，分仓施工价值过低是因为分析中采用地连墙作为分隔墙。实际上，分仓施工可不拘泥于硬分割方式，通过分段施工或软分割的处理方式，可以达到与硬分割类似的效果，而相应的费用

则会大大减小，这样其价值才能得以体现。

5.2　施工措施

5.2.1　施工措施概述

1. 围护结构施工

（1）围护墙施工

围护墙包括排桩、地下连续墙、型钢水泥土连续墙、板桩、连锁桩墙等形式。当围护墙为预应力管桩、沉管灌注桩及拉森钢板桩等挤土桩型时，桩打入土中后，桩身周围一定范围内的土体会发生不同程度的扰动，土体抗剪强度降低，同时土体将产生侧向位移及竖向隆起。在软土中产生的超孔隙水压力消散较慢，土体抗剪强度恢复慢，挤土桩施工对周围土体的影响更大。因此，当基坑周边环境保护要求较高时，不宜采用预应力管桩、沉管灌注桩及拉森钢板桩等挤土桩型。

型钢水泥土连续墙因其型钢可回收利用，在地下室施工工期较短时，有其经济优势，但型钢拔除过程中，型钢拔除后形成的空隙如未及时填充，也易导致基基坑周边侧土体发生水平位移。因此，当周边环境保护要求较高时，不建议采用型钢水泥土连续墙；如采用型钢水泥土连续墙，则在基坑分层回填密实至围梁面标高后方能拔除型钢，拔除时对于型钢拔出后形成的空隙需采用水泥、膨胀土等及时填充。

一般认为，较于土体开挖施工，非挤土桩墙施工引起的周边环境的变形量要小得多，甚至可以忽略不计。但是，在软土地区进行钻孔灌注桩施工引起周边结构变形超过控制要求甚至受损的事故仍屡有发生，如宁波南部商务区某项目工程桩（钻孔灌注桩）施工曾导致邻近基坑的围护桩发生开裂，见图 5-10。很多工程实测表明，即使是非挤土的桩墙，其施工导致的变形也非常可观，如地下连续墙成槽开挖至主体开挖之前的总变形量可达主体开挖总变形量的 40%～50%[56,94,98]。

钻孔灌注桩和地下连续墙成孔（槽）过程中一般需采用泥浆护壁，但由于泥浆压力不足以抵消静止土压力，因此会导致土体向开孔（槽）方向变形。而在混凝土浇筑过程中，混凝土取代原先的护壁泥浆，前者产生的侧压力也大于后者，故土体又会产生背向开孔（槽）方向的变形。

为减小钻孔灌注桩和地下连续墙施工对周边环境的影响，可采用以下措施：①优化施工参数，如通过增加泥浆比重、采用优质泥浆护壁、适当提高泥浆液面高度、控制日成桩速率等措施来提高灌注桩成孔质量、控制孔壁坍塌、减小桩周土体变形；②优化施工顺序，遵循先近后远的原则；③间隔跳开施工，待混凝土终凝后，再进行相邻桩的成

图 5-10　钻孔灌注桩施工导致邻近围护桩开裂（白色点为开裂位置）

孔施工；④当变形控制要求极其严格时，可采用护壁套管钻孔灌注桩施工工艺。

（2）止水帷幕及土体加固施工

水泥搅拌桩施工过程中的土体切削与喷浆工艺，对周边土体的影响主要表现为侧向挤土，即向孔壁外加载，将导致周围地层扰动与位移。水泥搅拌桩对周边土体的影响大小与水泥搅拌桩桩径、桩长、土体性质等相关。高压旋喷桩强大的喷射压力，将导致桩周土体产生远离桩孔方向的位移，同时地表土体产生向上隆起。高压喷射桩挤土作用的影响大小与喷射压力、喷射流量、喷嘴形式、土体性质、注浆的持续时间、桩径、桩长以及连续施工的桩数不同等因素均有复杂的关系。

为减小水泥搅拌桩或高压旋喷桩施工对周边环境的影响，建议采用以下措施：①优化施工参数，如控制喷浆压力及喷气压力、控制喷浆速率、控制提升及下沉速率、采用适宜的水灰比等；②优化施工顺序，遵循先近后远的原则；③待围护墙施工完毕形成隔断后，再施工基坑内侧土体加固；④当变形控制要求极其严格时，可采用渠式切割水泥土连续墙（TRD）（图 5-11）、全方位高压喷射工法（MJS）、微扰动深层搅拌桩工法（IMS）等微扰动施工新技术。

图 5-11　宁波中央公园 TRD 施工

（3）支撑体系施工及拆除

支撑结构的施工与拆除顺序，应符合支护结构的设计工况。钢支撑施工时应严格控制支撑轴线的偏心度及支撑与围护墙面的垂直度，并保证支撑与围护墙连接可靠，预应力施加应准确、及时、对称进行。当钢支撑预应力损失较大时，可采取附加轴力等措施。

支撑拆除宜分段跳开拆除，且变形控制要求较高的一侧宜后拆除。当周边环境保护要求较高时，钢筋混凝土支撑宜采用静力切割拆除工艺。

2. 土方开挖

根据现有理论及工程实践，基坑开挖具有明显的时间和空间效应。软土地区土体具有很大的流变性，即土体的应力和应变随着时间而不断变化的特性。软土地区的深基坑工程具有时间效应，随着施工周期延长，土体应力松弛特性会降低基坑的安全性；土体的蠕变特性会使基基坑周边土体位移持续增长，在土体应力水平较高时，土体的蠕变变形更为明显。基坑开挖会引起基坑周围地层应力应变状态改变，导致周围地层移动，可见基坑开挖是与周围土层相关的空间问题。基坑的面积、形状和深度等对于基坑工程的稳定性和周围土体的变形都有很大的影响。

为控制基坑周围土体及邻近建筑位移，须遵循时空效应原理进行土方开挖。利用支护结构的时空效应，采取化大为小、分层分段、限时的开挖方式。

基坑平面开挖应按照分区、分块、对称、平衡的原则，当基坑面积较大时，可根据周边环境保护要求、土质情况、支撑布置形式等，采用盆式开挖、岛式开挖等。当周边环境保护要求较高时，应分块跳挖和浇筑垫层，并结合支撑平面布置、后浇带、施工缝等分区跳挖并浇筑底板；分区分块的大小应根据变形控制要求、土质情况等因素综合确定；且宜先开挖变形控制要求较低的一侧，再开挖环境保护要求较高的一侧。基坑竖向开挖可采用全面分层或台阶式分层开挖方式，分层厚度应根据土质情况确定，对环境保护要求较高一侧宜适当减小。宁波城市展览馆分块浇筑垫层照片，见图 5-12。

开挖至支撑底后，应及时架设支撑，尽量减小基坑无支撑暴露的时间；开挖至基坑底后，应及时浇筑垫层和底板，基坑边一定范围内垫层宜在 6h 内浇筑完毕，以减小土体蠕变变形。为加快垫层和底板浇筑速度，可采用预制垫层或预制砖胎膜。

图 5-12　宁波城市展览馆分块浇筑垫层照片

基坑开挖过程中产生的土方不应在环境保护对象周边堆放；且在基坑土方开挖过程中，须严格限制基基坑周边施工车辆及材料堆场荷载。

3. 基坑降水

基坑大面积降水前，应先进行试降水，并根据试降水情况，调整降水井布置、降水参数及降水速度。应严格按照设计要求、开挖进度控制水位降深，既要保证基坑降水到合适深度，以防止基坑底发生突涌或者开挖面积水严重，又要防止水位降深过大而对周边环境产生不利影响。应采用合理的降水速度，防止基坑内水位降低过快，以免基坑内、外产生过大的动水压力而影响基坑稳定性。

5.2.2　减少时间效应的施工措施分析

大量基坑工程的现场实测表明，基坑及周边变形与基坑的暴露时间具有明显的相关性。在软土地区，土的强度低，含水量高，流变性显著，所以对于软土地区的基坑工程，如果要了解基坑变形的时效并达到控制变形的目的，必须研究土的流变性即土体的应力和变形随时间不断变化的特性。土体的蠕变性是流变性中的一种类型，它表现为在应力水平不变的条件下，应变随时间增长的特性。宁波地区的软土具有明显的蠕变特性，故在基坑变形控制的研究中考虑这一特性的影响至关重要。

为了合理地认识和预测由于基坑开挖的时间效应对坑周土体变形与支护结构位移的影响，本节以宁波市机场快速干道永达路连接线工程明挖隧道紧邻市救助站区段基坑工程为例，采用基于软土流变黏弹塑性模型的 PLAXIS 有限元软件，建立了考虑施工过程的有限元分析模型。在利用实测数据反分析获得模型参数的基础上，开展了模型参数验证和基坑变形规律的研究，探讨不同支撑设置时间（无支撑暴露时间）和不同垫层设置时间（无垫层暴露时间）等时间因素对基坑支护结构变形和基坑周边土体及建筑沉降的影响规律。

5.2.2.1　模型的建立

选取紧邻市救助管理站区段基坑支护工程作为研究对象，基坑开挖深度为 11m，支护体系为 800mm 厚地连墙结合一道钢筋混凝土支撑＋两道钢支撑，基坑周边 5m 外为浅基础建筑（市救助管理站）。

考虑基坑规模及开挖的特点，将其简化为平面应变问题，网格划分剖面如图 5-13 所示。模型的计算范围：基坑开挖区域宽度取 20m，开挖深度 $h=11m$，水平向远端边界取距坑边为

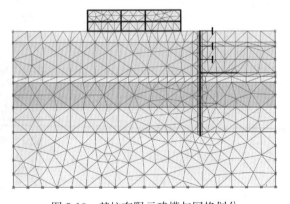

图 5-13　基坑有限元建模与网格划分

$5h$，模型深度为40m。计算模型边界条件：左右边界 x 方向位移约束，下边界 x、z 方向位移约束，其他边界位移自由。模型土层分布根据详勘报告中地质剖面图确定，性质相同的土层合并为一层考虑，最终模型中的土层包括：1层杂填土、2层淤泥质黏土、3-1层粉质黏土夹粉土、4-1层粉质黏土、5-1层粉质黏土和5-2层粉质黏土。

假定土体饱和，浅层的1层杂填土、2层淤泥质黏土、3-1层粉质黏土夹粉土和4-1层粉质黏土模型采用Plaxis软件中能反映土体流变特性的软土蠕变模型（SSC模型），5-1层粉质黏土和5-2层粉质黏土采用硬化土模型。采用15节点的三角形单元进行网格划分，支护中的地连墙、坑边建筑结构和支撑均按弹性材料考虑，分别用梁单元和杆单元模拟；考虑土与结构的相互作用，在土与支护桩之间设置接触面，接触面单元采用10节点无厚度单元并设接触面强度折减参数 Rinter＝0.67。

5.2.2.2 计算参数的选取

1层杂填土、2层淤泥质黏土、3-1层粉质黏土夹粉土和4-1层粉质黏土采用软土蠕变模型（SSC模型），SSC模型中的基本参数，如重度 γ、黏聚力 c 和内摩擦角 φ，根据勘察报告获取；模型刚度参数，即修正压缩指数 λ^*、修正蠕变指数 μ^*、修正膨胀指数 κ^* 采用反分析方法求得。模型中三个土层计算参数，见表5-40。

表 5-40 模型中三个土层计算参数

参数	1 黏土	2 淤泥质黏土	3-1 层粉质黏土夹粉土	4-1 层粉质黏土
重度 γ (kN/m³)	18.0	17.5	19.1	18.2
黏聚力 c (kPa)	5.0	10.6	11.2	13.0
内摩擦角 φ (°)	10.0	7.5	13.2	10.7
修正压缩指数 λ^*	0.035	0.043	0.033	0.035
修正蠕变指数 μ^*	8.75×10^{-4}	1.075×10^{-3}	1.1×10^{-3}	1.16×10^{-3}
修正膨胀指数 κ^*	0.0035	0.0043	0.0033	0.0035
Rinter	0.67	0.67	0.67	0.67

首先，根据Plaxis8材料模型手册给出的模型参数 λ^*、μ^*、κ^* 的估算方法和参数之间的经验关系，初步确定模型参数值。然后，根据第3章反分析方案获得SSC模型的反演参数。最终用于后续计算分析的土体参数见表5-41，地连墙和支撑的计算参数和本构模型见表5-42。

表 5-41 支护结构参数及本构关系

结构名称	EA (kN/m)	EI (kN·m²/m)	材料	本构关系
800 厚地下连续墙	2.24×10^7	1.19×10^6	C30 混凝土	弹性
首道钢筋混凝土支撑	1.76×10^7	—	C30 混凝土	弹性
ϕ609mm 钢支撑	1.21×10^7		Q235B	弹性

表 5-42　基坑开挖施工过程

工况	施工阶段	工期（d）
（1）	模拟土体在自重作用下的应力场	—
（2）	施工地连墙、坑底加固	—
（3）	施工一道支撑	—
（4）	开挖至 4m 深度（二道支撑底）	3
（5）	施工二道钢支撑	2
（6）	开挖至 7.5m 深度（三道支撑底）	5
（7）	施工三道钢支撑	2
（8）	开挖至 11m 深度（基坑底）	5
（9）	施工垫层	1

5.2.2.3　计算结果和实测数据对比分析

对有限元计算值和实测数据进行了对比，图 5-14 和图 5-15 分别给出了地连墙最大水平位移时程曲线和基坑周边浅基础建筑基础最大沉降时程曲线。从图中可知，地连墙水平位移和浅基础建筑基础沉降的计算结果和实测数据有较好的一致性，反映了地连墙及建筑变形随基坑施工时间的变化规律，说明反分析得到的土体参数是合理的。

在土方开挖阶段，由于基坑的快速卸荷，地连墙水平位移和基础沉降在短时间内增长较快；在开挖到设计标高到设置好钢支撑的施工间隙期内，支护水平位移和基坑周边沉降继续增加，但增加速率有所减少；在设置好基坑垫层后，由于软土的蠕变特性，支护水平位移和基坑周边沉降仍在继续增加，增加速率较小，并逐渐趋于稳定。

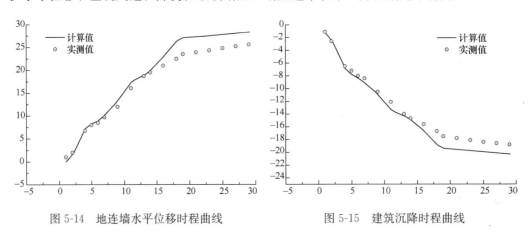

图 5-14　地连墙水平位移时程曲线　　　　图 5-15　建筑沉降时程曲线

5.2.2.4　时间效应对支护结构和基坑周边土体变形的影响

1. 研究方案

软土具有明显的蠕变特性，要控制软土蠕变导致的基坑围护墙位移及周边环境变形，其中重要的一点是减少每步中土体开挖到支撑施工完毕的时间，即无支撑（垫层）

暴露时间。本节将主要针对基坑设置第二道支撑、第三道支撑及底板垫层这三个工况，分析不同的支撑或垫层设置时间对基坑支护变形及周边土体变形的影响。模拟不同工期的施工工况见表5-43。

2. 有限元计算结果对比分析

图5-16和图5-17分别表示，基坑二道支撑设置完毕所需时间为0d、0.5d、1d、2d、5d和10d时（方案1~6），分别对应的墙身水平位移和基坑周边建筑沉降曲线。由图可知，开挖到预定标高后，距离二道支撑设置完毕的时间越长，墙身水平位移和基坑周边建筑沉降越大，反映了及时支撑的重要性。

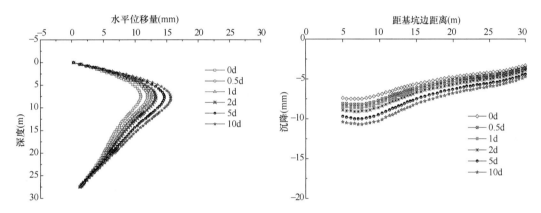

图 5-16　二道支撑设置时间与墙身水平位移关系　　图 5-17　二道支撑设置时间与建筑沉降关系

表 5-43　基坑开挖施工工况模拟

方案	工期（d）					
	工况（4）	工况（5）	工况（6）	工况（7）	工况（8）	工况（9）
方案 1	3	0	0	0	—	—
方案 2	3	0.5	0	0	—	—
方案 3	3	1	0	0	—	—
方案 4	3	2	0	0	—	—
方案 5	3	5	0	0	—	—
方案 6	3	10	0	0	—	—
方案 7	3	0.5	5	0	—	—
方案 8	3	0.5	5	0.5	—	—
方案 9	3	0.5	5	1	—	—
方案 10	3	0.5	5	2	—	—
方案 11	3	0.5	5	5	—	—
方案 12	3	0.5	5	10	—	—
方案 13	3	0.5	5	0.5	5	0
方案 14	3	0.5	5	0.5	5	0.25
方案 15	3	0.5	5	0.5	5	0.5
方案 16	3	0.5	5	0.5	5	1
方案 17	3	0.5	5	0.5	5	2
方案 18	3	0.5	5	0.5	5	5
方案 19	3	0.5	5	0.5	5	10

　　图 5-18、图 5-19 和图 5-20 分别表示基坑开挖到二道支撑底标高及之后 10d 内未设置支撑（方案 6），地连墙最大水平位移时程曲线、基坑周边建筑最大沉降时程曲线和基坑周边建筑最大差异沉降时程曲线。由图可以看出，由于挖土导致基坑快速卸荷，墙身水平位移和基坑周边建筑基础沉降及沉降差均急剧发展，虽然在开挖完成后的施工间歇期内墙身变形和建筑基础沉降速率有所减小，但均仍持续发展。当设置第二道支撑所需时间为 1d 时，蠕变引起的墙身水平位移占总位移的 15％，基坑周边建筑基础沉降占总沉降 15％，沉降差占总沉降差的 17％；当设置第二道支撑所需时间为 10d 时，蠕变引起的墙身水平位移占总位移的 43％，基坑周边建筑基础沉降占总沉降的 43％，沉降差占总沉降差的 43％。

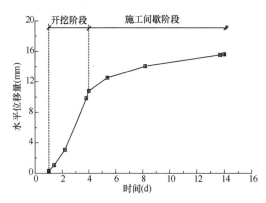

图 5-18　墙身最大水平位移时程曲线（方案 6）

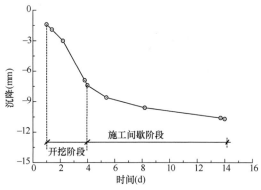

图 5-19　建筑最大沉降时程曲线（方案 6）

　　图 5-21 和图 5-22 分别表示，三道支撑设置完毕所需时间为 0d、0.5d、1d、2d、5d 和 10d 时（方案 7～12），分别对应的墙身水平位移和基坑周边建筑沉降曲线。从图中可以看出，开挖到预定标高后，距离三道支撑设置完毕的时间越长，墙身水平位移和基坑周边建筑沉降越大。

　　图 5-23、图 5-24 和图 5-25 分别表示基坑开挖到三道支撑底标高及之后

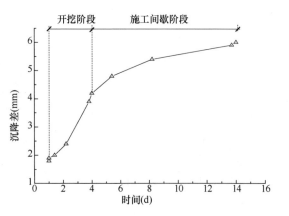

图 5-20　建筑最大差异沉降时程曲线（方案 6）

10d 内未设置支撑（方案 12），地连墙最大水平位移时程曲线、基坑周边建筑基础最大沉降时程曲线和基坑周边建筑基础沉降差时程曲线。由图可以看出，由于挖土导致基坑快速卸荷，墙身水平位移和基坑周边建筑基础沉降及沉降差均急剧发展，虽然在开挖完成后的施工间歇期内墙身变形和建筑基础沉降速率有所减小，但均仍持续发展。当设置

第三道支撑所需时间为 1d 时，蠕变引起的墙身水平位移占总位移的 4%，基坑周边建筑基础沉降占总沉降的 4.5%，沉降差占总沉降差的 6%；当设置第三道支撑所需时间为 10d 时，蠕变引起的墙身水平位移占总位移的 16%，基坑周边建筑基础沉降占总沉降的 17%，沉降差占总沉降差的 21%。同样，支撑设置完毕所需时间越短，基坑变形控制效果越显著。因此，当基坑开挖至支撑底标高后，应尽可能在短时间内设置支撑，且最好选择施工快捷的钢支撑，缩短基坑无支撑暴露时间。

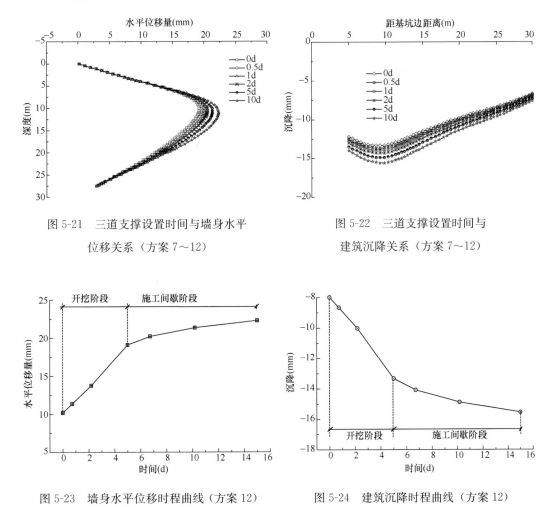

图 5-21　三道支撑设置时间与墙身水平
位移关系（方案 7~12）

图 5-22　三道支撑设置时间与
建筑沉降关系（方案 7~12）

图 5-23　墙身水平位移时程曲线（方案 12）

图 5-24　建筑沉降时程曲线（方案 12）

图 5-26 和图 5-27 分别表示坑底垫层设置完毕所需时间为 0d、0.25d、0.5d、1d、2d、5d 和 10d 时（方案 13~19），分别对应的墙身水平位移和基坑周边建筑沉降曲线。从图中可以看出，开挖到预定标高后，距离坑底垫层设置完毕时间越长，墙身水平位移和基坑周边建筑基础沉降越大，同样反映了尽早设置垫层对基坑变形控制的重要性。

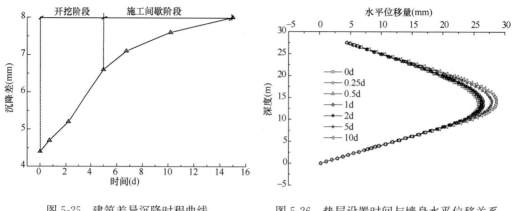

图 5-25　建筑差异沉降时程曲线
（方案 12）

图 5-26　垫层设置时间与墙身水平位移关系
（方案 13～19）

图 5-28、图 5-29 和图 5-30 分别表示基坑开挖到坑底标高后 10d 未设置垫层（方案 19），地连墙最大水平位移时程曲线、基坑周边建筑基础最大沉降时程曲线和基坑周边建筑基础沉降差时程曲线。挖土基坑快速卸荷使得墙身水平位移和基坑周边建筑沉降及沉降差均急剧发展，施工间歇期内墙身变形和建筑基础沉降速率有所减小，但均仍会持续发展。

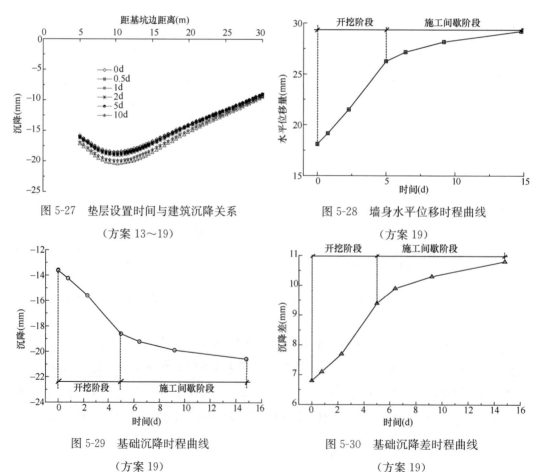

图 5-27　垫层设置时间与建筑沉降关系
（方案 13～19）

图 5-28　墙身水平位移时程曲线
（方案 19）

图 5-29　基础沉降时程曲线
（方案 19）

图 5-30　基础沉降差时程曲线
（方案 19）

当设置垫层所需时间为 0.25d（6h）时，蠕变引起的墙身水平位移占总位移的
0.8%，基坑周边建筑基础沉降占总沉降的 0.6%，沉降差占总沉降差的 1%；当设置垫
层所需时间为 10d 时，蠕变引起的墙身水平位移占总位移的 11%，基坑周边建筑基础
沉降占总沉降的 11%，沉降差占总沉降差的 15%。因此，当基坑开挖至坑底预定标高
后，应尽可能在较短时间内完成垫层和基础底板施工，防止基坑变形的进一步发展，避
免因基坑长期暴露导致变形增大而对基坑安全和周围环境造成影响。

5.2.3　控制水位下降的施工措施分析

除了基坑开挖卸荷的影响外，地下水位的变化（包括基坑降水、围护墙墙缝漏水
等）同样是导致基坑周边土体变形的一个重要原因。本节以宁波市机场快速干道永达路
连接线工程明挖隧道紧邻市救助站区段基坑工程为例，通过计算得到基坑周边水位变化
导致的地表沉降，由此分析控制水位措施对保护周边建筑的效果。

5.2.3.1　地下水位下降导致地表沉降的计算理论[99]

1.基坑周边水位的估算

如图 5-31 所示，假定基坑施工过程中坑边水位发生下降而形成的渗降漏斗曲线与
抽水导致的渗降漏斗曲线类似并满足 J. Dupuit 公式，那么距观测井距离为 r 处的水位
下降值为：

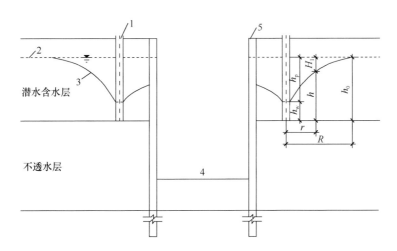

图 5-31　基坑周边渗降漏斗曲线示意图

1—观测井；2—地下水位；3—水位降深曲线；4—基坑；5—围护结构

$$H_1 = h_0 - h = h_0 - \sqrt{h_w^2 + (h_0^2 - h_w^2)\frac{\ln(r/r_w)}{\ln(R/r_w)}} \tag{5-1}$$

式中，h_0 为浅层含水层的厚度；h_w 和 h 分别为观测井处和 r 处的水位（从隔水底板算
起）；r_w 为井半径，取经验值 0.1m；R 为影响半径，根据潜水层 Kusakin 公式，可按

式（5-2)计算：

$$R = 2h_{\mathrm{p}}\sqrt{Kh_0} \qquad (5\text{-}2)$$

式中，h_{p} 为坑边水位观测井的水位下降值；K 为土层的渗透系数。

2. 由水位下降值计算地面沉降

水位下降导致地表沉降的机理主要可归结为两个方面：

（1）由于水位的下降，孔隙水渗出（孔隙水压力消散），有效应力逐渐增加，导致土体压缩变形。渗降曲线上部因降水而增加的平均竖向附加应力为：

$$\sigma_1 = \frac{1}{2}\gamma_{\mathrm{w}}H_1 \qquad (5\text{-}3)$$

（2）土中水的流动会给土体施加一个动水压力（渗透力），从而造成地面的附加沉降。渗降曲线下部的平均竖向渗透力为：

$$\sigma_2 = i\gamma_{\mathrm{w}}H_1 \qquad (5\text{-}4)$$

由于以上两方面原因导致的地面沉降量为：

$$W = \frac{\sigma_1 H_1}{E_{\mathrm{s1}}} + \frac{\sigma_2 H_2}{E_{\mathrm{s2}}} \qquad (5\text{-}5)$$

式中，H_2 为 r 处水位线至支护结构底的距离；E_{s1} 和 E_{s2} 分别为 H_1 和 H_2 对应深度范围内土层的平均压缩模量；γ_{w} 为水的重度，i 为渗降漏斗曲线下部的平均水力坡度。

5.2.3.2 地下水位下降对基坑周边土体沉降的影响

根据邻近市救助站区段的实际情况，考虑坑边水位下降 1m、2m、3m 和 4m，由地下水位下降导致地表沉降的计算理论，得到离坑边不同位置处的沉降等值线图，见图 5-32。

由图 5-32 可知，坑边水位下降导致的地表沉降随离坑边距离的增加而减小。坑边水位下降 1m 时，导致的周边地表的沉降很小，但随着水位降深的增加，地表沉降增长显著。邻近市救助管理站区段的实际水位变化控制在 1m 以内，这一施工措施有效降低了由于水位变化原因导致的建筑附加沉降。

为更清楚地表示水位下降值与建筑沉降的关系，对于市救助管理站这一浅基础房屋，认为地表沉降与建筑沉降相同，绘制图 5-33 和图 5-34。由图可知，水位下降值线性增加时，建筑最大沉降及最大差异沉降呈非线性的递增。因此，有必要在明挖隧道施工中密切关注水位变化，一方面采用有效措施防止地下水渗漏（如地连墙采用 H 型钢接头等）；另一方面，对于水位下降过多的情况，应准备相应处理措施（如采取地下水回灌等），尽可能减小由于施工中地下水位变化对周边建筑的影响。

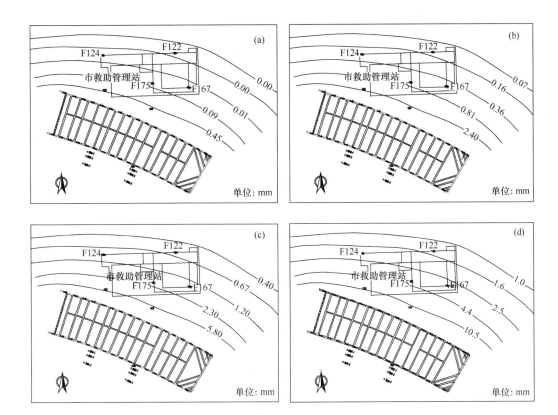

图 5-32 坑边水位下降导致的地表沉降

（a）下降 1m；（b）下降 2m；（c）下降 3m；（d）下降 4m

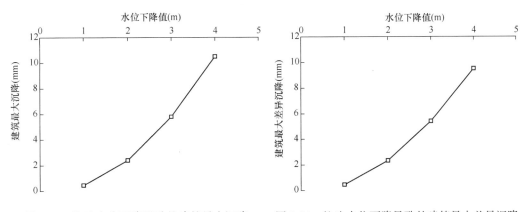

图 5-33 坑边水位下降导致的建筑最大沉降   图 5-34 坑边水位下降导致的建筑最大差异沉降

5.3 建筑保护

当预判的建筑物风险等级较高时，即使采取了较多的支护结构变形控制措施，也不一定能保证被保护建筑物安全。此时有必要对被保护建筑物预先采取加固措施，增强其自身刚度，提高其抵抗变形的能力，以保证建筑物安全和正常使用。

5.3.1 补偿注浆

当建筑物的风险等级较低或安全评级较高时，可在基坑开挖过程中，根据邻近建筑物的变形情况，进行跟踪补偿注浆。补偿注浆可以通过主动补偿地层损失、加固原状土体等有效地控制基坑周围建筑物变形。补偿注浆可采用双液注浆，其主要材料是普通硅酸盐水泥和水玻璃，利用水玻璃迅速凝结的特性，双液注浆可在较短内产生加固效果。

当建筑物的变形接近或超过容许值时，即可对建筑物进行注浆加固。注浆位置和注浆量可以根据建筑物的变形情况确定，注浆期间须加强监测，严格控制注浆压力和注浆量，防止注浆压力或注浆量过大导致纠偏过重。

补偿注浆可以采用竖向注浆、斜向注浆或水平注浆。一般情况下，可在基基坑周边侧直接对建筑物采用竖向或斜向注浆；当在基基坑周边注浆不便时，也可在基坑内采用水平注浆的方式。水平注浆孔平面和水平注浆孔竖向布置示意图，见图 5-35 和图 5-36。

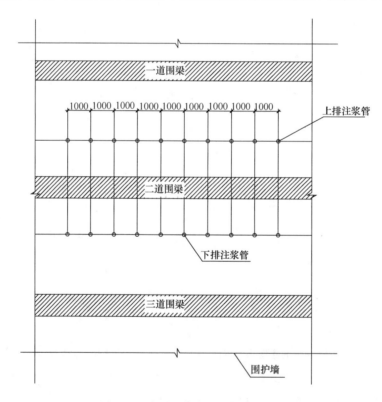

图 5-35　水平注浆孔平面布置示意图

采用基坑内水平注浆时，围护墙钢筋笼制作过程中，在围护墙内预设注浆位置安装水平密封管；土方开挖过程中，当建筑物变形较大时，在围护墙预埋密封管位置将注浆管水平置入主动区土体中，随后进行水平注浆。基坑不同开挖工况下，可根据预估围护

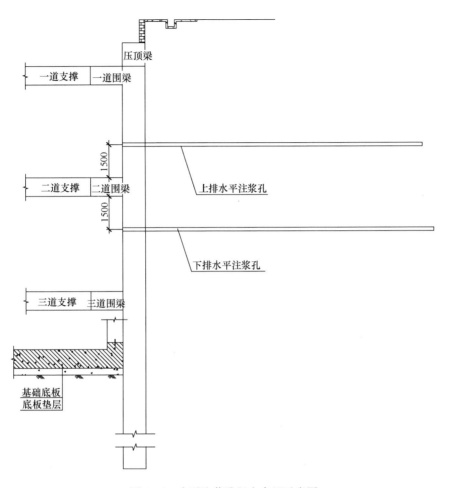

图 5-36　水平注浆孔竖向布置示意图

墙位移及建筑物基础情况，分别在围护墙内不同位置实施水平注浆。

5.3.2　地基加固

地基加固是在基坑开挖前，预先对建筑物基础进行加固。一般需对建筑物基础下部和侧面一定范围内的土体进行加固。地基加固可改善建筑物基础周围土体的抗剪强度和刚度，提高建筑物基础的抗变形能力；同时地基加固可减小围护结构外侧的主动土压力，提高围护结构的安全性，减小围护结构位移。

地基加固的深度和范围应充分考虑基坑开挖期间基基坑周边侧土体位移场情况、土体滑动面位置及工程地质条件。对软土地区深基坑工程，围护墙最大侧移一般位于开挖面附近，可能的滑动面一般会沿着最大开挖面附近开始发展，注浆加固的深度应位于滑动面以下，且对软土层均应进行适当加固。

地基加固可采用搅拌桩加固或注浆加固。注浆加固是较常采用的一种加固方式，在有施工空间的情况下也可采用搅拌桩加固。注浆加固时，要严格控制注浆压力在合理的范围内，避免注浆压力过大而导致地面或建筑物隆起。

5.3.3 基础托换

基础托换是在基坑开挖前，在既有建筑物下方设计一托换结构，进行基础补强或替代基础，将建筑物荷载从原基础传递至新托换结构，保证既有建筑物安全、减小建筑物基础沉降的方法。托换结构一般由托换桩基和托换梁两部分组成，在既有建筑下方，施工托换桩基及托换梁，将既有桩基与托换梁连接，使上部结构荷载转移到托换结构上。较于既有桩基，托换桩基桩底持力层位于低压缩土层中，从而可大幅减小建筑物基础沉降。

托换桩基较常采用的桩基类型为锚杆静压桩、树根桩和钻孔灌注桩。锚杆静压桩和树根桩施工设备简单、操作方便，可在场地和空间狭窄的条件下施工，特别是在古建筑保护中应用广泛。钻孔灌注桩施工工艺相对复杂，可用于上部荷载较大的建筑基础托换。

5.3.4 结构加固

当邻近基坑的建筑物初步判定后的风险等级较高时，需对建筑物结构进行科学检测鉴定。根据检测鉴定结果，对结构受损较严重、需进行结构加固的建筑物，需采取合理的加固方案。

既有建筑结构加固可分为直接加固和间接加固两种方式。直接加固法包括外包钢加固法、加大截面加固法、砌体结构构造性加固法、置换混凝土加固法、钢筋网水泥砂浆面层加固法、粘贴钢板加固法、粘贴复合纤维材料加固法、喷射混凝土加固法、钢绞线加固法、锚栓锚固法、植筋等。间接加固法包括预应力加固法、改变结构传力途径加固法等。可根据既有建筑结构现状、既有建筑使用要求及实际施工条件选择适合的加固方法。

下篇 软土地区深基坑周边建筑变形控制实践

6 明挖隧道基坑周边建筑保护实例

地下隧道交通作为现代城市大规模快速客运系统的一个重要组成部分,能极大地缓解市区地面的交通拥堵,在改善城市交通状况和促进城市经济发展等方面发挥着重要作用。宁波市机场快速干道永达路连接线工程为将机场路快速干道、丽园路、环城西路等南北向主要干道及铁路南站枢纽连接成有机整体,于 2012 年年底开始建设。该工程采用明挖施工,基坑一侧临河,另一侧紧邻既有建筑,工程条件极为复杂。本章针对宁波市机场快速干道永达路连接线工程Ⅰ标段工程,主要介绍工程的总体概况,评估明挖隧道周边建筑的安全状态,并分析减少明挖隧道基坑开挖对周边建筑影响的设计及施工措施,最后结合现场监测数据对基坑和周边建筑变形进行实测分析。

6.1 工程概况

6.1.1 总体概况

宁波市机场快速干道永达路连接线工程位于宁波市海曙区环城西路和苍松路交叉段附近,西起益民街,终于火车南站广场,距市中心仅 2km 左右。工程将机场路快速干道、丽园路、环城西路等南北向主要干道及铁路南站枢纽连接成有机整体,采用地下双向 4 车道城市快速路+地面双向 4 车道城市次干道标准,城市快速路设计车速 60km/h;地面城市次干道设计车速 40km/h。

该工程受用地、城市景观要求及环境问题的限制,采用"地下隧道+地面辅道"形式。本项目服务于地下隧道部分(里程桩号:K1+055-K2+095、AK0+000-AK0+500、BK0+000-BK0+116.68),西起益民路,主线在环城西路西侧进地下隧道,沿王家桥河北侧向东,下穿文台河过荣安佳境后,分两岔,一岔起坡接南站枢纽站台高架,另一岔(A线)下穿祖关河后起坡接甬水桥路,在隧道下穿祖关河(甬水桥路西侧)

111

处，设一地下匝道（B线）对接南站地下停车库，全长约2.2km（不含铁路南站内部道路），如图6-1所示。

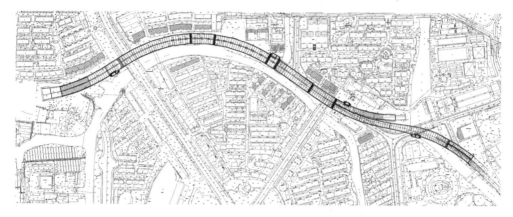

图6-1 宁波市机场快速干道永达路连接线工程Ⅰ标段总平面图

6.1.2 工程地质条件

根据野外勘探，按土层的沉积年代、沉积环境、岩性特征及物理力学性质，将勘探深度范围内的地基土划分为9个工程地质层，并细分为24个工程地质亚层或夹层。土层分布及土质特征描述如下：

①$_{1-1}$层：杂填土（mlQ）

杂色，不均匀，主要由碎石、砾石与黏性土构成，含少量建筑及生活垃圾。该层分布于场地表部，厚薄不均，河道一般缺失，农田菜地中地表为耕植土，层厚0.2～4.3m。该层性质变化较大，局部暗浜位置埋深较大，填筑时间一般大于10年。

①$_{1-5}$层：淤泥（mlQ）

河底淤泥，黑色，流塑，高压缩性，富含腐殖质，夹碎石，生活垃圾，位于河底，层厚0.2～1.5m。

①$_2$层：黏土（al-lQ）

灰黄、灰褐、褐灰色，可塑，局部呈软塑，中偏高压缩性，厚层状构造，含氧化铁锰质斑点，局部为粉质黏土，土面稍有光泽，韧性中等，干强度高，无摇振反应，下部渐灰渐软。

该层场地内分布较广，局部填土厚度大处及河道内缺失，物理力学性质较好，俗称"硬壳层"，具中等偏高压缩性，顶板标高−2.26～2.57m，厚度较小，为0.3～4.9m。

②$_1$层：淤泥质黏土（Mq）

灰色，局部呈褐灰色，流塑，高压缩性，厚层状构造，含粉砂团块及少量贝壳碎片，见少量有机质斑块，夹少量粉土薄层，局部粉粒含量较高，局部为淤泥质黏土及淤泥，土面稍有光泽，韧性高，干强度中等，无摇振反应。

该层场地内均有分布，层位较稳定，物理力学性质差，具高压缩性，顶板标高－3.36～2.03m，厚度1.50～10.20m。

②$_{1-1}$层：粉质黏土

灰色，软塑～流塑，高压缩性，厚层结构，多以透镜体形式存在于②$_1$层中，厚度1.00～3.00m。

②$_2$层：淤泥质粉质黏土（mQ）

灰色，流塑，薄层状构造，层理不清，层间夹少量粉土薄层，偶夹软塑状黏土，含少量腐殖质及砂土团块，土面稍有光泽，韧性中等，干强度中等，无摇振反应。该层场地内局部分布，物理力学性质差，具高压缩性，顶板高－9.24～－0.19m，层厚0.90～6.10m。

③$_1$层：粉质黏土夹砂（al-mQ）

灰色，流塑～软塑/稍密，砂粘交互，局部呈淤泥质土，土质不均，黏塑性较差，土面稍有光泽，韧性较低，干强度较低，摇振反应较快，土质复杂，局部黏粒含量较高，总体呈粉质黏土或淤泥质土，局部砂粒富集呈粉砂、粉土。

该层场地内基本均布，物理力学性质较差，具中偏高～高压缩性，顶板标高－13.50～－7.00m，层厚1.00～6.10m。

④$_1$层：粉质黏土（mQ）

灰色，软～流塑，局部流塑为淤泥质土，鳞片状构造，局部略具层理，夹少量粉土薄层，局部为黏土，土面有光泽，韧性中等，干强度中等，无摇振反应，含碎贝壳，见砂土团块。

该层场地内分布较广，局部缺失，物理力学性质差，具高压缩性，顶板标高－18.41～－9.28m，层厚0.70～6.60m。

④$_{1-1}$层：淤泥质黏土（mQ）

灰色，流塑，多位于④$_1$层下部，鳞片状构造，局部略具层理，夹少量粉土薄层，高压缩性，土面有光泽，韧性高，干强度中等，无摇振反应，含有机质、碎贝壳，局部粉粒富集。

该层场地局部分布，多分布于工程终点附近，物理力学性质差，具高压缩性，顶板标高－17.87～－10.13m，层厚1.30～9.10m。

⑤$_1$层：粉质黏土（al-lQ）

灰黄、黄褐色，可塑，局部硬塑，厚层状构造，局部略具层理，夹少量粉砂薄层，局部粉粒含量较高，含少量铁锰质结核斑块，见砂土团块，局部为黏土，土面稍有光泽，韧性高等，干强度中等，无摇振反应。

该层场地内一般均有分布，层位较稳定，物理力学性质较好，具中等压缩性，顶板埋深起伏较大，顶板标高－20.76～－13.15m，层厚0.75～9.50m。

⑤$_{1-1}$层：黏土（al-lQ）

该层土以黏土为主。黄褐色，硬可塑，中压缩性，厚层状构造，局部略具层理，夹少量粉砂薄层，含铁锰质结核或斑块，见砂土团块，土面有光泽，韧性中等，干强度中等，无摇振反应。

该亚层物理力学性质较好，顶板标高－19.06～－11.44m，层厚0.80～8.40m。

⑤$_2$层：黏土（al-lQ）

灰黄、褐黄色，软～可塑，薄层状构造，局部层理不清，局部呈粉质黏土，层间夹较多粉土或粉砂薄层，含少量铁锰质结核或斑块，土面稍有光泽，韧性中等，干强度中等，无摇振反应。

该层场地内一般均有分布，物理力学性质较好，具中等压缩性，顶板标高－25.60～－13.26m，层厚0.80～10.90m。

⑤$_{2-2}$层：粉土（al-lQ）

灰黄色，黄褐色，中密状态，薄层状结构，夹黏性土薄层，含铁锰质结合，见贝壳碎片，土面粗糙无光泽，韧性差，干强度中等，摇振反应明显，局部砂富集，呈粉砂状。

该层场地内局部分布，物理力学性质好，具中偏低等压缩性，顶板标高－25.60～－15.51m，层厚1.40～6.80m。

⑥$_1$层：粉质黏土（mQ）

灰色，软塑为主，局部可塑，厚层状构造，局部粉粒含量较高，土质不均一，层间夹有砂土团块，见贝壳碎片，局部为黏土，土面稍有光泽，韧性中等，干强度中等，无摇振反应。

该层场地内基本均布，物理力学性质较差，具中等压缩性，顶板标高－35.74～－19.68m，层厚1.80～13.20m。

该层在控制性钻孔有揭露，层位较稳定，物理力学性质好，具中等压缩性，顶板标高－60.66～－50.00m，揭露层厚0.80～8.20m。

地质剖面图见图6-2。根据勘察室内试验结果，该场地工程影响范围内各层土主要

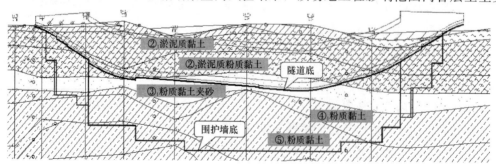

图6-2 地质剖面图

物理力学指标见表6-1。

表6-1　地基土物理力学指标建议值

土层编号	土层名称	天然重度γ (kN/m³)	固结快剪		压缩试验		地基承载力基本容许值 [f_{a0}] (kPa)
			内聚力c (kPa)	内摩擦角φ (°)	a (1/MPa)	E_s (MPa)	
①₂	粉质黏土	18.2	18.5	10.8	0.624	3.72	65
②₁	淤泥质黏土	17.5	10.6	7.5	1.011	2.48	50
②₂	淤泥质粉质黏土	17.5	10.9	8.8	1.012	2.53	50
③₁	粉质黏土夹砂	19.1	11.2	13.2	0.360	6.23	75
④₁	粉质黏土	18.2	13.0	10.7	0.664	3.61	70
④₁₋₁	淤泥质黏土	17.7	12.2	9.4	0.756	3.10	60
⑤₁	粉质黏土	19.0	30.0	15.9	0.386	5.92	190
⑤₂	粉质黏土	19.2	27.3	16.4	0.313	6.42	170
⑥₁	粉质黏土	18.9	25.0	16.0	0.341	6.39	140

6.1.3　水文地质条件

1. 地表水

场地范围内，隧道南侧紧邻或占压王家桥河，并穿越文台河，终点附近占压祖关河。王家桥河河宽20～25m，最深4.5m；文台河河宽5～8m，水深1.5～3.0m；祖关河河宽20～25m，水深一般为1.5～3.5m，最深4.5m。河渠都互相联通，与甬江、奉化江及姚江有水闸控制。地表水系以小型河流和排水沟渠为主，流量小，水流平常呈滞流状态，水位主要受降水和人工控制。

2. 地下水

根据地下水含水层介质、水动力特征及其赋存条件，场地范围内与工程有关的地下水可分为孔隙潜水和孔隙承压水两类。

（1）孔隙潜水

孔隙潜水主要赋存于场区表部填土和浅部黏土、淤泥质土层中。表部填土富水性、透水性及渗透性均较好，地表水联系密切，主要接收地表水（王家桥河）、管道渗漏水和大气降水的补给。由于表部杂填土岩性的不均匀性，岩性以砖块碎石为主时，富水性、透水性及渗透性均较好，渗透系数建议取150～200m/d；当岩性以黏性土混杂砖块碎石为主时，富水性、透水性及渗透性相对又稍差，渗透系数建议取5～10m/d。黏土和淤泥质土富水性、透水性均差，水量贫乏，单井出水量小于5m³/d。

场地内孔隙潜水主要接收大气降水竖向入渗补给和地表水的侧向入渗补给，多以蒸发方式排泄。勘察期间测得潜水位稳定水位埋深一般为0.60～3.20m，标高-1.11～2.05m，初见水位埋深一般为0.60～3.60m，标高-1.51～2.13m。水位受季节及气候条件等影响，但动态变化不大，潜水位变幅一般在1.0m左右。

（2）孔隙承压水

根据本次钻探及区域水文地质资料，孔隙承压水可分为第 11 层孔隙承压水和第 12 层孔隙承压水。

① 第 11 层孔隙承压水

根据本工程钻探资料及附近水文地质孔资料，第 11 层孔隙承压水主要赋存于⑤$_{2-2}$ 层粉土中，夹有较多黏性土薄层，透水性一般，水量相对较小。⑤$_{2-2}$ 层粉土含水层厚度 $0.8 \sim 4.0$m，顶板标高 $-25.56 \sim -13.43$m，仅零星分布，根据本次抽水试验资料，承压水水头标高 1.37m 左右。

② 第 12 层孔隙承压水

根据本工程钻探资料及附近水文地质孔资料，第 12 层孔隙承压水赋存于⑧层粉细砂、砾砂层中，透水性好，水量丰富，含水层顶板高程一般为 $-56.37 \sim -50.06$m，含水层层厚 $1.6 \sim 4.5$m，根据宁波市轨道交通 2 号线一期工程环城西路站 S9CCI 水文地质试验孔的成果，承压水水头标高 -2.11m。

第 12 层孔隙承压水埋深较大，上覆深厚黏性土层，对本工程影响较小。

6.1.4 周边环境条件

以 3 倍基坑深度为范围线，对周边的建（构）筑物进行了详细的调查，所涉及的房屋和管线列于表 6-2 中。

6.1.5 基坑设计方案

1. 围护设计的控制因素

结合本工程的周边环境、工程地质、水文地质条件以及工程调研的情况，本工程基坑围护结构设计主要需考虑以下几个方面的因素：

（1）围护结构设计应考虑基坑两侧土压不平衡因素，确保基坑的整体稳定和围护结构的受力安全性。

（2）由于本工程沿线居民小区较多，且与基坑距离较近，围护结构设计方案应考虑对周边建筑物的影响，保证周边建筑物的安全。

（3）围护结构设计应满足易于施工的要求，减少施工难度，达到缩短工期的目的。

（4）本工程北侧临近居民楼，南侧紧靠河道，因此围护方案选取应考虑施工场地受到限制的要求，为施工提供便利条件。

（5）围护结构设计应考虑周边路网交通导航的要求，尽量减小工程施工对地面交通的影响。

（6）该地区水系发达，应结合基坑施工组织确定河道保通方案。

表6-2 周边建（构）筑物一览表

序号	层数	建成年份	用途	产权单位	幢号	结构类型	基础形式及埋深等情况	基坑挖深（m）	主楼与隧道关系（m）	裙楼与隧道关系（m）
1	6	2001	住宅	阳光城	20幢（环城西路南段366弄95-10号）	混	φ377静压灌拔振拔沉管灌注桩、桩长23.0m	8.9	22.59	无裙楼
2	6	2001	住宅	阳光城	21幢（环城西路南段366弄91-93号）	混	φ377静压振拔沉管灌注桩、桩长23.0m	9.6	22.67	无裙楼
3	7	2000	住宅	宏通苑大酒店	环城西路南路439号	混凝土	φ450钻孔桩、长30m	10.2	17.35	10.13
4	6	2005	住宅	金都嘉园	5幢（22-14号）	混	桩基础、桩长25~26m	10.3	11.40	无裙楼
5	6	2005	住宅	金都嘉园	3幢（17-19号）	混	桩基础、桩长22~23m	10.4	10.30	无裙楼
6	7	1992	住宅	竺江岸巷	竺江岸巷28-30号	砖混	φ377静压振拔沉管灌注桩、桩长25.0m	10.3	10.47	无裙楼
7	2	1991	住宅	市救助管理站	宝善路155弄	砖混	一层平房、无基础桩	11.2	4.49	无裙楼
8	7	1997	住宅	宁波市粮油进出口公司	宝善路153弄7-9号	混	静压振拔沉管灌注桩、桩长23.8~25m	10.5	8.93	无裙楼
9	6	2000	住宅	海怡花园	南雅街101-103号	混	φ377静压振拔沉管灌注桩、桩长25.0m	10.5	30.1	无裙楼
10	6	2000	住宅	海怡花园	南雅街105-119号	混	φ377静压振拔沉管灌注桩、桩长25.0m	10.4	29.1	无裙楼
11	6	2000	住宅	海怡花园	南雅街121-123号	混	φ377静压振拔沉管灌注桩、桩长25.0m	10.8	29.3	无裙楼
12	6	2000	住宅	海怡花园	南雅街125-139号	混	φ377静压振拔沉管灌注桩、桩长25.0m	11	30.0	无裙楼
13	11	2003	住宅	荣安佳境	21幢（宝善路143弄62-66号）	混凝土	PTC-400预应力管桩、桩长31~36m	10.7	26.90	11.64
14	11	2003	住宅	荣安佳境	22幢（宝善路143弄67-69号）	混凝土	PTC-500预应力管桩、桩长24~36m	10.5	12.02	6.17
15	8	2003	办公	林业大楼	宝善路143弄85号	混凝土	采用φ426沉管灌注桩、桩长25.0m	10.0	12.65	7.59
16	7	2001	住宅	南都绿洲	恒春街16弄24-28号	混	采用φ426沉管灌注桩、桩长34.0m	12.3	20.68	无裙楼
17	3	2004	办公	宁波市老年体育活动中心	苍松路459号	混凝土	φ400预应力混凝土薄壁管桩、桩长24.4m	12.8	13.27	无裙楼

2. 围护结构设计

(1) 敞开段较浅处（基坑深度小于 2m），基本上位于不受周边建筑物影响的区域（基坑北侧距离建筑物约 30m，南侧为空地），坑底位于①₂层粉质黏土，可采用放坡开挖，以达到节省工程造价的目的。

(2) 随着隧道坡度的增加，基坑深度逐渐增加，对于接近 2~3.5m 的基坑，坑底位于②₁淤泥质黏土中，呈流塑态，采取放坡开挖难度较大，且开挖面积较大，因此采用 SMW 悬臂工法桩的围护形式。

(3) 较深的敞开段部分，基坑深度从 3.5~8m（基坑北侧距离建筑物约 22m，南侧距王家桥河约 30m），可采用钻孔灌注桩加隔水帷幕或 SMW 工法，两者相比，SMW 工法施工相对简单，型钢可回收利用，造价低，且地层中不会遗留临时结构物，对环境影响小，因此，较深的敞开段部分采用 SMW 工法。坑内支撑采用 1~2 道钢支撑，并设置 $\phi402×12$ 钢管工具柱。

(4) 封闭段，距离居民楼较近，基坑深度从 8~16m（该范围北侧距居民楼基本为 9~12m，南侧紧邻河道），采用地下连续墙。对于支撑形式：邻近居民楼部位全部采用钢筋混凝土支撑，距离居民楼较远部位第一道采用钢筋混凝土支撑，截面 700mm×900mm；其余 2~4 道支撑采用钢管内支撑，直径 609mm，壁厚 16mm。值得注意的是，隧道在 K1+183~K1+850 范围内（长度约 700m）南侧紧靠王家桥河，而北侧临近多个住宅小区，小区围墙距基坑的最近距离仅有 3m，因此基坑开挖过程中存在两侧土压不平衡的状况，而且施工场地紧张。

本工程基坑支护形式汇总见表 6-3；主要保护建筑信息一览表，见表 6-4；紧邻周边建筑的基坑开挖现场，见图 6-3。

图 6-3　紧邻周边建筑的基坑开挖现场

表 6-3 基坑支护形式汇总表

基坑位置	开挖深度（m）	支护形式
敞口段起始处	$H \leqslant 2$	放坡施工
部分敞口段	$H = 2 \sim 3.5$	SMW 悬臂工法桩
较深处敞口段	$H = 3.5 \sim 8$	$\phi 850mm@600$ SMW 工法围护桩，钢管内支撑体系（1～2 道支撑）
封闭段距离居民楼较近	$H = 8 \sim 16$	地下连续墙，钢管内支撑，临近居民楼部位第一道采用钢筋混凝土支撑（2～4 道支撑）

表 6-4 主要保护建筑信息一览表

序号	层数	建成年份	用途	产权单位	结构类型	基础形式及埋深等情况	基坑埋深（m）	建筑与基坑距离（m）
1	6	2001	住宅	阳光城	混	$\phi 377$ 静压振拔沉管灌注桩，桩长 23.0m	5～9	22.6
2	7	2000	住宅	宏通苑大酒店	混凝土	$\phi 450$ 钻孔桩，长 30m	9.5	17.4
3	6	2005	住宅	金都嘉园	混	桩基础，桩长 22～23m	10	10.3
4	7	1992	住宅	竺江岸巷	砖混	$\phi 377$ 静压振拔沉管灌注桩，桩长 25.0m	10.5	10.5
5	2	1991	住宅	市救助管理站	砖混	一层平房，无基础桩	10.5	4.5
6	7	1997	住宅	宁波市粮油进出口公司	混	静压振拔沉管灌注桩，桩长 23.8～25m	13.5	8.9
7	6	2000	住宅	海怡花园	混	$\phi 377$ 静压振拔沉管灌注桩，桩长 25.0m	10.5	29.3
8	8	2003	办公	林业大楼	混凝土	采用 $\phi 426$ 沉管灌注桩，桩长 25.0m	10.5	12.7
9	7	2001	住宅	南都绿洲	混	采用 $\phi 426$ 沉管灌注桩，桩长 34m	12	20.7
10	3	2004	办公	宁波老年体育活动中心	混凝土	$\phi 400$ 预应力混凝土薄壁管桩，桩长 25m	13	13.3

6.2 安全评估

6.2.1 建筑沉降预测

按照 3.1 节介绍的基坑开挖引起周边建筑沉降的预测方法，对宁波市机场快速干道永达路连接线工程Ⅰ标段7个区段周边建筑沉降进行估算，并与实测沉降值进行比较。各区段的参数信息见表6-5，计算值与实测值的对比见图6-4～图6-10及表6-6、表6-7。

表6-5　区段信息表

序号	层数	基坑紧邻区段	单桩承载力特征值（kN）	单层建筑面积（m²）	单桩面积置换率	基坑开挖深度（m）	测斜孔号	围护墙最大侧移（mm）
1	6	阳光城	691	1266	0.017	5.0	CX03	18.20
2	7	宏通苑大酒店	1246	963	0.015	9.5	CX15	14.33
3	6	金都嘉园	731	620	0.020	10.0	CX23	19.94
4	7	竺江岸巷	765	433	0.017	10.5	CX27	8.89
5	2	市救助管理站	—	—	—	10.5	CX35	25.69
6	7	南都绿洲	1361	509	0.013	12.0	CX65	12.80
7	3	老年活动中心	942	1539	0.008	13.0	CX81	13.59

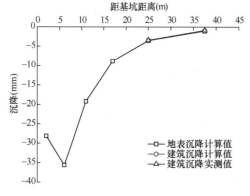

图6-4　紧邻阳光城区段对比

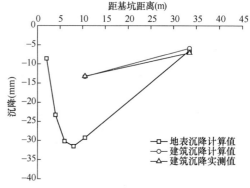

图6-5　紧邻宏通苑大酒店区段对比

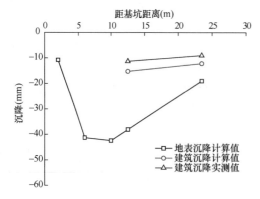

图6-6　紧邻金都嘉园区段对比

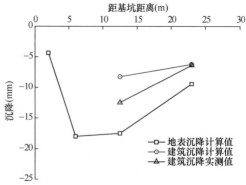

图6-7　紧邻竺江岸巷区段对比

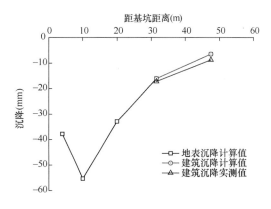

图 6-8　紧邻市救助管理站区段对比

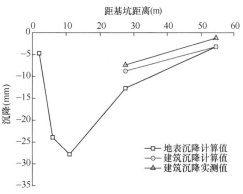

图 6-9　紧邻南都绿洲区段对比

对比基坑周边建筑沉降计算值与实测值可知，基于本章方法计算得到的建筑沉降值与实测值吻合较好，7 个区段中，建筑最大沉降、最小沉降以及差异沉降的计算值与实测值的相对误差基本在 30% 以内。可见，本章提出的明挖隧道基坑周边建筑沉降预测方法具有实用性。另外需要说明的是，此次沉降计算中采用的是表 6-5 中给出的围护墙最大侧移实测值，这说明基坑围护墙最大侧移的准确预估也影响着本章方法预测结果的准确性。

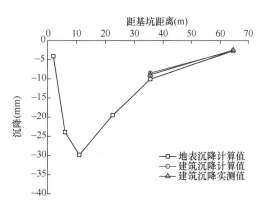

图 6-10　紧邻老年活动中心区段对比

表 6-6　地表沉降与建筑沉降计算值对比

序号	基坑紧邻区段	最小沉降（mm）		折减系数	最大沉降（mm）		折减系数
		地表	建筑		地表	建筑	
1	阳光城	−1.07	−1.07	1.00	−3.54	−3.54	1.00
2	宏通苑大酒店	−6.44	−5.86	0.91	−29.28	−13.30	0.45
3	金都嘉园	−19.01	−12.1	0.64	−38.07	−15.20	0.40
4	竺江岸巷	−9.42	−6.2	0.66	−17.48	−8.20	0.47
5	市救助管理站	−6.47	−6.47	1.00	−16.03	−16.03	1.00
6	南都绿洲	−3.19	−3.19	1.00	−12.69	−7.66	0.60
7	老年活动中心	−2.70	−2.70	1.00	−10.09	−8.48	0.84

表6-7　建筑沉降计算值与实测值对比

序号	基坑紧邻区段	最小沉降（mm）		相对误差	最大沉降（mm）		相对误差	差异沉降（mm）		相对误差
		实测	计算		实测	计算		实测	计算	
1	阳光城	−0.89	−1.07	20.2%	−3.41	−3.54	3.8%	−2.52	−2.47	−2.0%
2	宏通苑大酒店	−7.08	−5.86	−17.2%	−13.20	−13.30	0.8%	−6.12	−7.44	21.6%
3	金都嘉园	−9.03	−12.1	34.0%	−11.30	−15.20	34.5%	−2.27	−3.10	36.6%
4	竺江岸巷	−6.36	−6.2	−2.5%	−12.50	−8.20	−34.4%	−6.14	−2.00	−67.4%
5	市救助管理站	−8.73	−6.47	−25.9%	−17.14	−16.03	−6.5%	−8.41	−9.56	13.7%
6	南都绿洲	−1.20	−3.19	165.8%	−7.35	−7.66	4.2%	−6.15	−4.47	−27.3%
7	老年活动中心	−2.51	−2.70	7.6%	−8.91	−8.48	−4.8%	−6.40	−5.78	−9.7%

6.2.2　基于事故树的安全评估

利用4.2.1节介绍的事故树分析方法，对宁波市机场快速干道永达路连接线工程Ⅰ标段10个区段周边建筑的安全进行评估，评估结果见表6-8，其中λ_a表示几何调整系统，λ_b表示结构状态调整系数，λ_t表示建筑老化调整系数。由事故概率评定的建筑安全等级可见，该明挖隧道工程周边的建筑安全等级为三级和四级，对于不同的安全等级所采用的措施及力度也应加以区别。10个区段的周边建筑中，竺江岸巷、市救助管理站、粮油公司及老年活动中心发生事故的概率最高（均大于1‰），而实际工程中也对这些危险性较大的区段采取了更为严格的变形控制措施。从最终的统计情况看，这些区段建筑的实测差异沉降确实也大于其他区段建筑的差异沉降，这一方面证明本章事故树分析法合理性，另一方面也说明实际采用的设计与施工措施的必要性。总体来看，该明挖隧道工程周边的建筑的安全问题不容轻视，明挖隧道基坑在施工前都需要做科学的决策，并制定变形控制与预警措施。

表6-8　建筑安全评定

序号	区段	桩长（m）	基坑开挖深度（m）	坑边距建筑距离（m）	调整系数			顶事件概率	事故安全等级	实测差异沉降（mm）
					λ_a	λ_b	λ_t			
1	阳光城	23	5~9	22.6	0.01	0.6	0.28	0.44	三级	2.5
2	宏通苑大酒店	30	9.5	17.4	0.12	0.6	0.30	0.74	三级	6.1
3	金都嘉园	23	10	10.3	0.35	0.4	0.20	0.99	三级	5.1
4	竺江岸巷	26	10.5	10.5	0.33	0.6	0.46	3.26	四级	6
5	市救助管理站	—	10.5	4.5	1.00	0.8	0.48	13.66	四级	8.4
6	粮油公司	25	13.5	8.9	0.54	0.8	0.36	5.53	四级	12.3
7	海怡花园	25	10.5	29.3	0.06	0.4	0.30	0.25	三级	3.2
8	林业大楼	25	10.5	12.7	0.28	0.2	0.24	0.48	三级	1.8
9	南都绿洲	34	12	20.7	0.14	0.6	0.28	0.85	三级	7.9
10	老年活动中心	25	13	13.3	0.42	0.6	0.22	1.96	四级	8.3

6.3 保护周边建筑的技术措施

本明挖隧道基坑的变形统计结果要小于宁波软土地区狭长型基坑的变形统计结果，这一方面是因为公路隧道明挖深度要小于轨道交通深基坑的开挖深度，相对变形更小；另一方面则是由于考虑周边建筑的保护要求，工程中运用了大量切实有效的减小基坑开挖对周边环境影响的设计与施工措施。利用 5.1 节设计措施及 5.2 节施工措施分析，本工程主要采用了以下技术措施。

6.3.1 地连墙采用 H 型钢接头防渗

地连墙接缝漏水引发水土流失和有效应力增加是导致建筑物沉降的一个主要原因。目前宁波地区的工程多是采用圆形锁口管柔性接头，渗漏水几乎不可避免。而堵漏作业基本是在挖土到位之后才有条件进行，而且基坑底部以下的接缝很难采取堵漏措施，致使地下水位下降严重，难以控制。

本工程为了有效防止地连墙接缝漏水，对靠近小区周边的地下连续墙，将锁口管接头更改为 H 型钢接头。从水位监测情况看，本工程大部分水位监测孔的水位变化控制在 1m 以内，说明该措施提高了地连墙的止水效果，减少基坑开挖时的水土流失，保护效果良好。H 型钢接头连接大样图见图 6-11，现场照片见图 6-12。

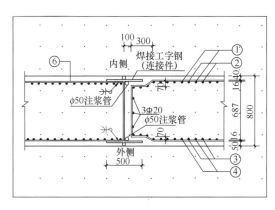

图 6-11 H 型钢接头连接大样图　　　　　图 6-12 地连墙钢筋笼封头采用 H 型钢

6.3.2 支撑及垫层的设计与施工优化

本工程离建筑物较近段基坑第一道支撑和第二道支撑均采用钢筋混凝土支撑。钢筋混凝土支撑与钢支撑相比其优点在于：工艺成熟、刚度大、整体稳定性好、基本不受人为因素影响。钢筋混凝土支撑的制作按照挖土流程，分段进行。第一道混凝土支撑与圈梁同时制作，且与地连墙钢筋按照要求进行连接，以减少对主体结构和周边建筑物的影响。支撑现场照片见图6-13。

考虑宁波软土的蠕变特性（基坑变形具有时间效应），基坑开挖过程中随挖随撑，减少钢筋混凝土支撑施工时间（基坑不支撑暴露时间）；开挖坑底时，集中劳动力和配套设备，成型一段，马上及时浇筑一段垫层，以及时形成反压；为尽快及时封闭坑底，将坑底原碎石垫层更改为混凝土垫层。

图6-13 基坑采用钢筋混凝土支撑

6.3.3 坑底采用三轴水泥土搅拌桩加固

本工程在基坑底部采用三轴水泥土搅拌桩进行"裙边＋抽条"加固，以加强隧道坑底软土对基坑围护结构的嵌固作用，减小墙体变形。水泥土搅拌桩裙边加固与基坑围护之间预留600mm空隙，其间加打高压旋喷桩进行密实，使裙边加固与围护结构有效顶紧，同时起到提高被动区土压力的作用。施工中严格控制每盘水泥浆液的拌制、钻机钻进速度、提升速度、搅拌速度、喷浆时管道压力、单位时间喷浆量等，保证成桩质量满足设计要求。坑底加固平面示意图见图6-14。

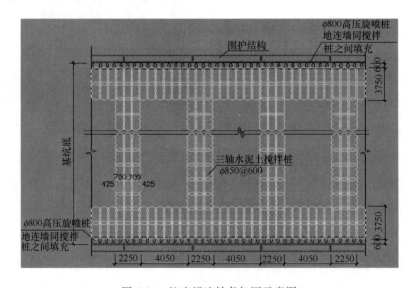

图6-14 坑底裙边抽条加固示意图

6.3.4 不同程度的基坑周边保护措施

本工程对基坑周边建筑物进行了危险程度分级，并根据不同等级采用不同程度的基坑周边保护措施。

对于危险等级为 A 级的，即在基坑 2 倍深度范围内，房屋基础薄弱，存在出现主体破坏的可能性，必须采取预防性的保护措施对其进行重点保护的建筑，采取隔离桩＋水泥搅拌桩加固。隔离桩法是在已有建筑物附近进行地下工程施工时，为避免或减少土体位移与沉降对建筑物的影响，而在建筑物与施工面间设置隔离桩墙予以保护的方法。A 级建筑基坑周边保护措施示意图见图 6-15。

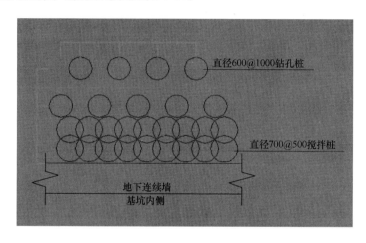

图 6-15　A 级建筑基坑周边保护措施示意图

对于危险等级为 B 级的，即在基坑 2 倍深度范围内，房屋基础相对较好，存在出现主体破坏的可能性，可采取预防性的保护措施对其进行一般保护的建筑，采取水泥搅拌桩加固。B 级建筑基坑周边保护措施示意图见图 6-16。

对于危险等级为 C 级的建筑，即在基坑 2 倍深度范围外 3 倍深度范围

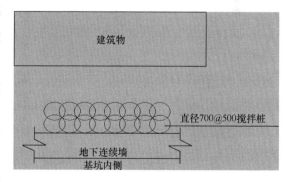

图 6-16　B 级建筑基坑周边保护措施示意图

内，房屋基础相对较好，建议施工过程中加强监测，发现问题采取针对性保护措施进行处理。

6.3.5 坑内分区、分仓施工

由于本工程基坑长度长，面积大，为减小狭长型基坑的长边效应，要求基坑分块开挖，沿桩号前进方向分成 10 仓 13 个施工段分段开挖，中间用地连墙分隔，地连墙的强度与两边围护墙强度等同。基坑通过封堵墙隔离分为 13 个小基坑，其中 1、3、5、7、9、10、11、13 区段基坑先开挖并回筑至结构顶板，待结构达到设计强度后，再开挖 2、4、6、8、12 区段基坑。工程分仓施工示意图见图 6-17。

图 6-17　分仓施工示意图

6.3.6 减少施工振动对建筑的影响

为避免施工振动对隧道结构和周边建筑物的影响，在拆除钢筋混凝土支撑时，采用人工搭设支架，人工凿除的方法，人工凿除钢筋混凝土支撑现场见图 6-18；在回填作业时，在保证回填密实度的前提下，通过严格控制塘渣粒径、级配及含泥量，采用重型轮胎压路机分薄层进行多次反复静压，见图 6-19。

图 6-18　人工凿除钢筋混凝土支撑　　　图 6-19　轮胎压路机静压施工

6.4　实测分析[100]

由于城市交通建设的需要，位于建筑密集区的明挖隧道工程已十分普遍。如何预测和控制明挖隧道施工对周边建筑的影响是目前面临的一个亟待解决的难题。基于现场实测变形数据，发现隐藏于大量实测数据中的一般规律是当前研究明挖隧道施工对周边建筑影响规律的最直接方法。本节以宁波市机场快速干道永达路连接线工程Ⅰ标段的 10 个典型区段的监测数据为基础开展统计分析，研究基坑支护结构变形、地表沉降及建筑沉降等变量之间的关系，初步获得了宁波软土地区明挖隧道施工对周边建筑影响的一般规律。

6.4.1　基坑及周边监测方案

本工程基坑面积大、开挖深度深，周边环境保护要求高，必须在施工过程中进行综合的现场监测，全面了解围护结构和周边环境的情况，根据监测结果动态调整优化施工参数并指导施工。根据本工程施工的特点、周边环境特点及设计的常规要求，监测范围取 3 倍基坑开挖深度，监测项目主要分两大类：

1. 基坑周边环境监测

主要是针对基坑周边 3 倍基坑开挖深度范围内的地面构筑物、道路、管线及周边地下水位进行变形监测，监测内容如以下所列：

（1）邻近建筑物变形监测（建筑物沉降、建筑物倾斜、建筑物裂缝）；

（2）地下管线沉降及位移监测；

（3）地表沉陷监测；

（4）土体分层位移监测；

（5）地下水位观测。

2. 围护体系监测

（1）墙变形监测（墙体变形、墙顶位移、墙顶沉降）；

（2）墙内力监测；

（3）支护结构界面上侧向压力监测；

（4）横撑内力监测；

（5）工具柱沉降监测；

（6）基坑内外情况观察。

本基坑工程监测内容与布点数量汇总于表 6-9 中。

表 6-9　监测内容与布点数量汇总表

序号	子目名称	单位	布点数量	备注
1	测斜孔（墙变形）	孔	84	
	深沉土体位移		4	
2	墙顶垂直位移	点	160	

序号	子目名称	单位	布点数量	备注
3	墙顶水平位移	点	160	
4	墙内力（混凝土应变计）	个	444	选测
5	土压力盒（支护结构界面上侧向压力）	孔	6	选测（试验段）
6	孔隙水压力（孔隙水压力计）	孔	6	选测（试验段）
7	横撑内力（混凝土应变计、表面应变计）	个	152	（按现阶段图纸设计）
	横撑内力（钢支撑轴力）		37	
8	土体分层位移	孔	6	选测（试验段）
9	工具柱沉降	个	40	
10	地下管线沉降	点	50	
11	邻近建筑物沉降	点	253	
12	邻近建筑物倾斜	幢	18	
13	邻近建筑物裂缝	条	视情况而定	
14	地表沉降	点	405	
15	地下水位	孔	66	
16	监控测试（地面）	组日	1440	2组720日
17	监控测试（地下）	组日	1440	2组720日

本基坑工程监测工作流程图见图 6-20。

6.4.2　支护结构变形性状分析

6.4.2.1　围护墙最大侧移与开挖深度的关系

基坑围护墙水平位移直接反映了基坑的变形情况，而其中围护墙最大水平侧移更是衡量基坑变形程度的主要变量，常被作为基坑变形控制指标。围护墙水平位移一直都是基坑工程监测的重点，也是统计明挖隧道基坑变形规律时的主要依据。

以各区段明挖隧道基坑开挖深度（H）为 X 轴，基坑围护墙最大侧移（δ_{hm}）为 Y 轴，作图 6-21。由图可知，基坑最大侧移的变化范围较大，δ_{hm}/H 的均值为 0.14%，且非河道侧和近河道侧的基坑围护墙最大侧移值与开挖深度比值（δ_{hm}/H）的平均值相近，其中，非河道侧 δ_{hm}/H 的平均值为 0.12%，略小于靠近河道侧 δ_{hm}/H 的平均值 0.16%。

6.4.2.2　围护墙最大侧移深度与开挖深度的关系

由实测的墙体侧向位移曲线可以看出，沿地下连续墙深度方向，大部分墙体侧向位移呈"两端小，中部大"的弓形形状。随着开挖深度的增大，墙体侧向位移逐渐增大，

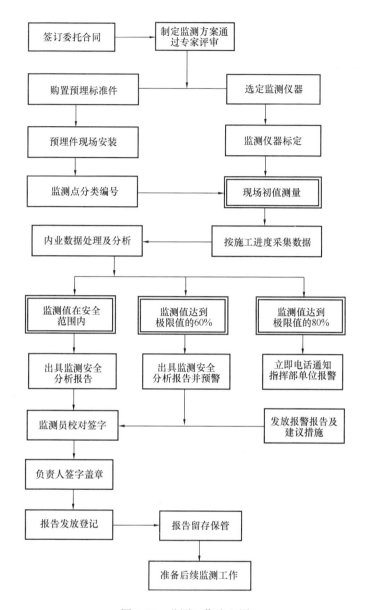

图 6-20　监测工作流程图

且最大侧移深度逐渐下移，并最终趋于稳定。

以各区段明挖隧道基坑开挖深度（H）为 X 轴，基坑围护墙最大侧移深度（H_{dm}）为 Y 轴，作图 6-22。由图可知，基坑围护墙最大侧移深度与基坑开挖深度之比 H_{dm}/H 的平均值约为 1.06，即围护墙最大侧移基本位于坑底附近。值得一提的是，近河道侧基坑围护墙最大侧移深度与基坑开挖深度之比 H_{dm}/H 约为 1.17，而非河道侧约为 0.95。近河道侧 H_{dm}/H 较大的原因与其对应的地质情况相关。由于本明挖隧道工程沿线途径多处河道，基坑施工期间河道进行了回填，所以基坑两侧的土压力存在差异。

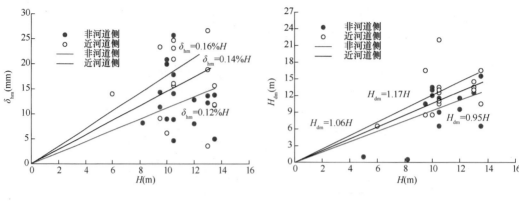

图 6-21　最大侧移与开挖深度关系　　　图 6-22　最大侧移深度与开挖深度关系

6.4.2.3　围护墙最大侧移与坑边距建筑距离的关系

明挖隧道基坑开挖施工过程中，明挖隧道基坑边与建筑的距离与围护墙侧向位移存在一定的联系。为尽量减少如建筑层数和基坑开挖深度等因素对分析结果的影响，选择了基坑开挖深度相近（10～12m）且邻近的建筑层数也相近（主要为 6～7 层）的几个区段进行统计分析。图 6-23 中以明挖隧道基坑边距建筑距离（S）为 X 轴，基坑围护墙最大侧移（δ_{hm}）为 Y 轴，由图可知，大部分墙体最大侧向位移随着坑边距建筑距离的增大而减小。可见，

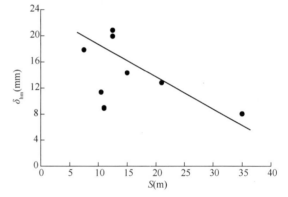

图 6-23　最大侧移与坑边距建筑距离关系

基坑周边建筑对基坑围护墙变形的影响随两者距离的减小而增大，建筑离基坑边较近时，应将其视为基坑周边超载加以计算分析。

6.4.3　基坑周边地表变形性状分析

6.4.3.1　基坑周边地表最大沉降与开挖深度的关系

基坑周边地表沉降是基坑工程需要重点观测的项目，因为它直接影响着周边建筑、管线和道路等的安全。基坑周边地表沉降往往可以由基坑周边地表沉降最大值、最大值位置离坑边的距离以及沉降影响范围三方面来描述。基坑周边地表沉降最大值作为其中重要的安全性衡量指标，是基坑变形统计分析研究的重点内容。

以各区段明挖隧道基坑开挖深度（H）为 X 轴，基坑周边地表沉降最大值（δ_{vm}）为 Y 轴，作图 6-24。由图可知，基坑周边地表最大沉降与开挖深度 δ_{vm}/H 的均值为 0.32%，

且非河道侧和近河道侧的基坑周边地表最大沉降与开挖深度比值（δ_{vm}/H）平均值并不相同。非河道侧 δ_{vm}/H 的平均值为 0.26%，小于近河道侧 δ_{vm}/H 的平均值 0.37%。另外，统计数据中近河道侧的基坑周边地表最大沉降变化范围较大，如当开挖深度均为 10.5m 时，其基坑周边最大地表沉降变化范围为 17.8～56.4mm。这主要是因为河道回填后，

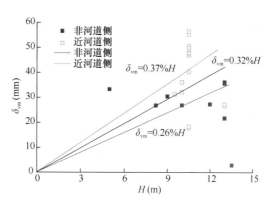

图 6-24　地表最大沉降与开挖深度关系

基坑与河道之间的土体为有限土体，其沉降往往难以控制。

6.4.3.2　基坑周边地表最大沉降位置与开挖深度的关系

以各区段明挖隧道基坑开挖深度（H）为 X 轴，基坑周边地表最大沉降位置（D_{dm}）为 Y 轴，作图 6-25。由图可知，最大沉降位置随开挖深度的增加而呈现离坑边越来越远的趋势，D_{dm}/H 的均值为 0.85。且近河道侧 $D_{dm}/H = 0.97$ 略大于非河道侧 $D_{dm}/H = 0.72$。

6.4.3.3　基坑周边地表沉降分布模式

以量测点距坑边的距离（d）与基坑开挖深度（H）的比值为 X 轴，量测点沉降（δ_v）与同一组量测点（距坑边不同距离布点）的最大值（δ_{vm}）的比值为 Y 轴，作图 6-26。图中大量数据点勾勒出基坑周边地表沉降的分布模式，可以看出，基坑周边地表沉降随着离坑边距离的增大表现出先增后减的变化模式，其中最大沉降点约在 1 倍坑深范围内；此外，非河道侧的实测地表沉降值在离坑边距离达到 3 倍左右坑深时趋近于零，而近河道侧的实测地表沉降值在离坑边距离达到 3.5～4.0 倍坑深时趋近于零。非河道侧的地表沉降范围与通常认为的 2～3 倍坑深影响范围大致相同，而近河道侧的地表沉降范围则要稍大。

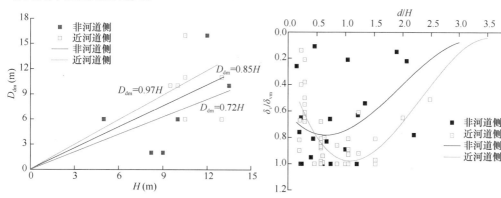

图 6-25　最大沉降位置与开挖深度关系　　　图 6-26　基坑周边地表沉降分布图

6.4.4 周边建筑变形性状分析

6.4.4.1 建筑沉降与基坑周边地表沉降的关系

根据本工程阳光城区段和金都嘉园区段的监测数据，以量测点距坑边的距离（d）为 X 轴，量测点沉降（δ_v）为 Y 轴，分别作图 6-27 和图 6-28。由图 6-27 可知，随着与明挖隧道基坑边距离的增大，地表沉降逐渐减小，在 $d=20$m（$d/H=4$）附近时，地表沉降已经接近于零，而附近的建筑沉降只有 5mm 左右，这与地表沉降范围为 4 倍左右坑深的结论相吻合。桩基础对于小的沉降变形不敏感，这导致 4 倍坑深范围外（地表沉降极小）建筑沉降与地表沉降基本一致。

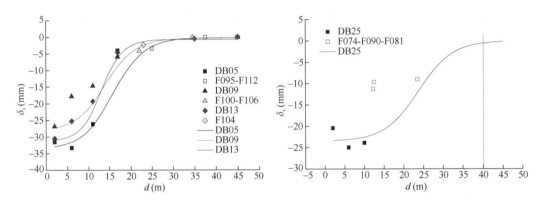

图 6-27　阳光城地表沉降与建筑沉降关系　　　图 6-28　金都嘉园地表沉降与建筑沉降关系

由图 6-28 可知，当建筑位于 $d/H<4$ 范围内时，即建筑位于基坑周边地表沉降影响范围内，建筑有较大的沉降变形，且建筑沉降要略小于地表沉降。不难发现在地表产生大变形的情况下，桩基础抵抗变形的能力得以发挥，地表变形越大，对应位置的建筑沉降与地表沉降的差距越大。

总的来看，当在建筑位于地表沉降范围外，隧道明挖施工对建筑沉降影响较小，基坑周边地表沉降能在一定程度上反映建筑沉降；反之，明挖隧道施工对建筑沉降影响较大，但桩基础的存在有利于减少基础差异沉降。

6.4.4.2 基坑开挖导致建筑沉降的时间效应

根据本工程林业大楼区段和南都绿洲区段的监测数据，以时间（t）为 X 轴，建筑沉降（δ_v）和基坑围护墙侧移（δ_h）分别为左 Y 轴和右 Y 轴，分别作图 6-29 和图 6-30。

由图 6-29 可以看出，基坑侧移在 $t=0$d 时开始迅速增大，在 $t=50$d 后趋于稳定。建筑沉降监测点 F025 和 F017 与基坑边距离分别为 13.0m 和 27.5m，前者对应的建筑沉降值从 $t=0$d 开始迅速增大，并在底板浇筑完成（50d）后 30d 附近趋于稳定；后者对应的建筑沉降变化速率要小于前者，且是在 $t=40$d 附近时迅速增大，在底板浇筑完成（50d）后 50d 后趋于稳定。需要说明的是，建筑沉降 $t=200$d 附近呈现隆起，这主

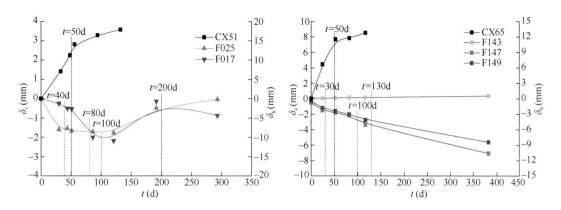

图 6-29　林业大楼区段基坑侧移与建筑沉降　　图 6-30　南都绿洲区段基坑侧移与建筑沉降

要是由于工程后期近监测点处材料卸载及测量误差引起的。图 6-30 所反映的规律也同样，建筑沉降监测点 F143、F149 和 F147 与基坑边距离分别为 54.7m、27.7m 和 20.7m，F149 和 F147 对应的建筑沉降值在 $t = 0$d 附近时迅速增大，并在底板浇筑完成（50d）后 50d 附近趋于稳定；F143 对应的建筑沉降值则在 $t = 30$d 附近时迅速增大，在底板浇筑完成（50d）后 80d 后趋于稳定。以上结果说明，明挖隧道施工对周边建筑的影响是一个由近及远的过程且具有一定的滞后性。

6.4.4.3　基坑开挖导致建筑沉降的空间效应

1. 建筑沉降与坑边距建筑距离的关系

以紧邻老年体育活动中心区段为例，由于老年体育活动中心主体建筑边线与明挖隧道基坑方向呈一定角度，因此选取该建筑三个角点处建筑沉降监测点 F049、F053 和 F056 进行分析研究，测点 F049、F053 和 F056 离坑边距离分别是 13m、34m 和 65m 左右，即分别位于距坑边 1 倍坑深、2.6 倍坑深和 5 倍坑深附近的位置。测点 F049 对应的建筑最终沉降值为 10.8mm，测点 F053 和 F056 对应的建筑最终沉降值分别为 F049 对应数值的 82.5％和 23％。可见，明挖隧道施工对周边建筑的沉降影响随与基坑边距离的增大而减小。

明挖隧道施工过程中，明挖隧道基坑边至建筑的距离与建筑最大和最小沉降之差存在一定的联系。以明挖隧道基坑边距建筑距离（S）为 X 轴，建筑最大沉降差（$\Delta\delta_v$）为 Y 轴作图 6-31。由图可知，大部分建筑最大沉降差随着坑边距建筑距离的增大而减小。这一现象可结合地表沉降的分布模式加以解释，在地表最大沉降位置附近，地表沉降呈现陡升或陡降的情况，即该范围内地表差异沉降显著，那么对应位置的建筑差异沉降也较大；当建筑位于基坑开挖影响范围以外时，情况则相反。

2. 建筑沉降与建筑平面位置的关系

以紧邻阳光城区段为例，由于阳光城小区主体建筑为平行于基坑边的长条形，离坑

边距离均为 21m 左右。分别选取建筑
长边中点和建筑角点对应建筑沉降监测
点 F095、F100 和 F104 进行分析研究
时，可以不考虑建筑与基坑边距离的因
素影响。测点 F095 对应的建筑最终沉
降值为 3.41mm，而测点 F100 和 F104
对应的建筑最终沉降值分别为 F095 对
应数值的 92% 和 39%。测点 F95 对应
建筑最终沉降值略小于测点 F100 对应
数值，是因为前者对应的基坑开挖深度
更小。

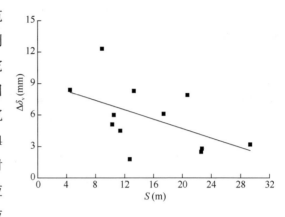

图 6-31　建筑沉降差与
坑边距建筑距离关系

对比测点 F100 和 F104 可以发现在基坑采用相同支护形式时，在隧道明挖施工时，
同一建筑受到的沉降影响在建筑角点处较小，在建筑长边中点附近较大。

金都嘉园区段的监测数据同样反映了这一情况。该区段主体建筑与基坑边的距离大
约为 12m。其中，建筑长边中点处测点 F090 对应的建筑最大沉降值（9.67mm），是同
一建筑角点处测点 F086 对应建筑最大沉降值（5.53mm）的 1.75 倍。

7 轨道交通深基坑周边建筑保护实例

7.1 工程概况

宁波市轨道交通 4 号线工程由江北区慈城至东钱湖旅游度假区，横贯宁波市中心城区，连接中心城和慈城、东钱湖两个规划新城。线路基本走向：S319（江北大道）～慈城连接线～北环西路～康庄南路～双东路～翠柏路～苍松路～长春路～灵桥路～兴宁路～沧海路～宁横路～首南路（含规划东延段）～东钱湖外环路（规划）。宁波市轨道交通 4 号线线路示意图见图 7-1。

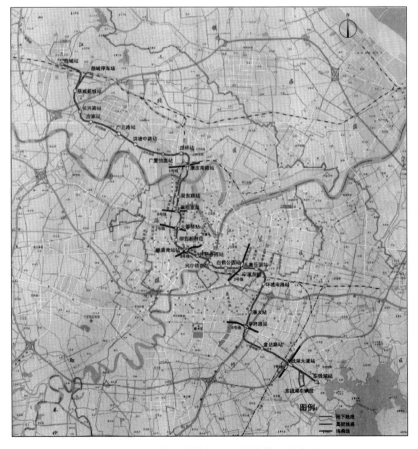

图 7-1 宁波市轨道交通 4 号线线路示意图

7.1.1 双东路站基坑及周边环境概况

双东路站位于宁波市海曙区双东路与环城北路交叉口，沿双东路向北敷设，车站场地北侧至双东路小区北门为止，南侧至环城北路与双东路交叉口、西侧为双东路小区，东侧为莱茵堡小区。规划道路宽 24m，现状为 16m 宽双向 2 车道。双东路站地理位置见图 7-2。

图 7-2　双东路站地理位置示意图

双东路站起讫里程 CK15＋290.258～CK15＋504.875，中心里程 CK15＋432.512，长 214.6m，宽度 22.6～24.8m，为地下二层车站，车站设 2 个出入口、2 个风亭组，预留 1 个出入口。车站标准段基坑深度 17.15m，端头井基坑深度 19.16m，坑底主要位于④1b 层淤泥质粉质黏土中，由于场地土层有起伏，局部位于④2b 层粉质黏土中。车站主体基坑围护形式拟采用 800mm 地下连续墙，标准段围护深度 39m、端头井围护深度 40m，坑底以下 3m 进行土体加固，坑底以上做水泥土弱加固；桩基（抗拔桩）拟采用 ϕ800 钻孔灌注桩，有效桩长 35m；附属结构基坑深度 9.85m，围护形式拟采用 SMW 工法桩（ϕ850@600），围护深度 25.0～26.5m，坑底以下 3m 进行土体加固，坑底以上做水泥土弱加固，桩基（抗拔桩）拟采用 ϕ800 钻孔灌注桩，有效桩长 30m。主体结构和附属结构拟采用明挖顺作法施工。

7.1.2 周边房屋现状调研

轨道交通深基坑施工前应掌握周边既有建筑物的结构类型、基础形式、使用状况等因素，为后续工作的开展提供依据。为此，通过现场调查、实测以及相关房屋设计档案的调取，对双东路站基坑周边房屋进行了较为详细的调研。周边房屋现状见表 7-1。

表 7-1 周边重点调查房屋现状表

编号	车站名称	建筑物名称	建筑长宽	地上层数	地下层数	结构形式	倾斜情况		开裂情况	用途
							垂直基坑方向	平行基坑方向		
1	双东路站	莱茵堡门楼	长 72.1m 宽 41.7m	3	无	混凝土	靠近基坑方向倾斜 0.17°	向南倾斜 0.2°	外墙面无开裂	商铺、办公
2		莱茵堡小区别墅区 1 号楼	长 14.1m 宽 12.6m	2	无	混	没有倾斜	向北倾斜 0.23°	外墙面无开裂	住宅
3		莱茵堡小区别墅区 2 号楼	长 14.1m 宽 12.7m	2	无	混	靠近基坑方向倾斜 0.1°	没有倾斜	外墙面无开裂	住宅
4		莱茵堡小区别墅区 3 号楼	长 28.1m 宽 12.3m	2	无	混	远离基坑方向倾斜 0.1°	向北倾斜 0.17°	外墙面无开裂	住宅
5		莱茵堡小区别墅区 4 号楼	长 12.3m 宽 12.6m	2	无	混	靠近基坑方向倾斜 0.23°	向南倾斜 0.17°	外墙面无开裂	住宅
6		莱茵堡小区别墅区 5 号楼	长 13.6m 宽 12.4m	2	无	混	靠近基坑方向倾斜 0.17°	向北倾斜 0.1°	外墙面无开裂	住宅
7		莱茵堡小区别墅区 6 号楼	长 16.0m 宽 14.2m	2	无	混	靠近基坑方向倾斜 0.17°	向南倾斜 0.1°	外墙面无开裂	住宅
8		莱茵堡小区别墅区 7 号楼	长 16.0m 宽 14.2m	2	无	混	靠近基坑方向倾斜 0.17°	向南倾斜 0.1°	外墙面无开裂	住宅
9		双东路小区 1 号楼	长 60.3m 宽 12.5m	6	无	混凝土	远离基坑方向倾斜 0.33°	向南倾斜 0.47°	外墙面无开裂	住宅、商铺
10		双东路小区别墅区 1 号楼	长 11.5m 宽 11.1m	2	无	混	远离基坑方向倾斜 0.43°	向南倾斜 0.47°	外墙面无开裂	住宅
11		双东路小区别墅区 2 号楼	长 12.2m 宽 11.1m	3	无	混	远离基坑方向倾斜 0.33°	向北倾斜 0.1°	外墙面无开裂	住宅
12		双东路小区别墅区 3 号楼	长 11.5m 宽 11.2m	2	无	混	远离基坑方向倾斜 0.33°	向北倾斜 0.1°	外墙面无开裂	住宅
13		双东路小区别墅区 4 号楼	长 12.3m 宽 11.2m	3	无	混	远离基坑方向倾斜 0.43°	向北倾斜 0.1°	外墙面无开裂	住宅
14		双东路小区别墅区 5 号楼	长 12.3m 宽 9.3m	2	无	混	远离基坑方向倾斜 0.43°	向北倾斜 0.1°	外墙面无开裂	住宅

7.2 安全评估

7.2.1 轨道交通深基坑周边房屋的安全前期评定

为保障宁波市轨道交通 4 号线深基坑开挖时周边主要房屋的安全，有必要在工程动工前对周边房屋进行变形预测与安全评估，为相关措施的选择提供依据。从工程经验方面着手，对常规基坑围护方案下（不考虑保护措施）临近轨道交通深基坑的房屋进行安全评估。

根据 4.2 节提出的城市轨道交通深基坑周边房屋安全评判方法对邻近宁波市轨道交通 4 号线双东路站的主要房屋进行安全评判的结果见表 7-2。其中 K_1 表示基坑与建筑邻近关系评级，K_2 表示建筑刚度评级，K 表示建筑安全评级。

表 7-2 双东路站主体基坑周边房屋安全评级

建筑名称	距离/坑深	K_1	基础类型	长高比	地上层数	K_2	K	备注
莱茵堡门楼	0.63	I	桩基	4.76	3	II	II	房屋体型较不规则
莱茵堡小区别墅区 1 号楼	0.45	I	浅基	2.35	2	II	II	近基坑中部，桩端深度与开挖深度相近
莱茵堡小区别墅区 2 号楼	0.74	I	浅基	2.35	2	I	I	近基坑中部，桩端深度与开挖深度相近
莱茵堡小区别墅区 3 号楼	0.47	I	浅基	4.68	2	I	I	近基坑中部，桩端深度与开挖深度相近
莱茵堡小区别墅区 4 号楼	0.89	II	浅基	2.05	2	I	I	桩端深度与开挖深度相近
莱茵堡小区别墅区 5 号楼	0.49	I	浅基	2.27	2	I	I	桩端深度与开挖深度相近
莱茵堡小区别墅区 6 号楼	0.74	II	浅基	2.66	2	II	III	桩端深度与开挖深度相近
莱茵堡小区别墅区 7 号楼	0.46	I	浅基	2.3	2	I	I	桩端深度与开挖深度相近
双东路小区 1 号楼	1.04	II	桩基	3.36	6	III	III	桩端深度与开挖深度相近
双东路小区别墅区 1 号楼	1.11	I	浅基	1.92	2	II	II	近基坑中部
双东路小区别墅区 2 号楼	1.26	I	浅基	1.37	3	II	II	

建筑名称	距离/坑深	K_1	基础类型	长高比	地上层数	K_2	K	备注
双东路小区别墅区3号楼	0.79	Ⅰ	浅基	1.92	2	Ⅱ	Ⅲ	
双东路小区别墅区4楼	0.77	Ⅱ	浅基	1.37	3	Ⅲ	Ⅲ	
双东路小区别墅区5号楼	0.77	Ⅱ	浅基	2.05	2	Ⅱ	Ⅲ	

由表7-2可知，采用本书的安全评判方法，安全等级为Ⅰ的建筑有5幢，安全等级为Ⅱ级的建筑有4幢，安全等级为Ⅲ级的建筑有5幢，安全等级为Ⅳ级的建筑有0幢，以安全等级为Ⅱ级和Ⅲ级的建筑居多，可见，轨道交通4号线工程沿线临近深基坑房屋保护形势严峻。

7.2.2　轨道交通深基坑及周边房屋变形的模型预测

采用有限元分析软件Midas/GTS，根据原基坑围护设计方案构建了三维有限元模型，对莱茵堡小区和双东路小区相应区域的地面沉降以及房屋自身的沉降与桩基变形进行预测。结合本项目基坑周边的环境情况，确定了三维数值模拟分析的对象是东西向长230m、南北向长350m的区域，标高范围5.350～−74.650m（黄海高程）。有限元模型图见图7-3和图7-4。模型土层分布根据勘察报告中地质剖面图确定，土层计算参数见表7-3。支护结构及莱茵堡小区及双东路小区建筑结构材料采用线弹性模型，相关参数见表7-4。另外，计算过程中的主要荷载包括自重、基坑周边地表半无限荷载15kN/m²；模型约束了底部的竖向位移和各侧面的法向位移，分析步按常规施工顺序设置。

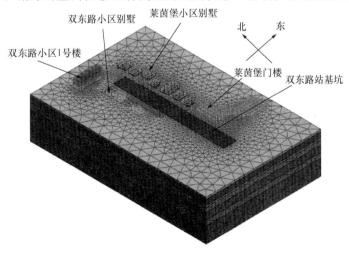

图7-3　双东路站基坑及周边建筑三维有限元模型

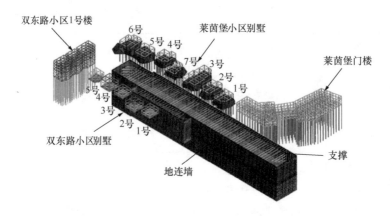

图 7-4　双东路站基坑支护结构和周边建筑放大图

表 7-3　双东路站土层计算参数

参数	1 杂填土	2-2b 淤泥质黏土	3-2 粉质黏土	4-1b 淤泥质粉质黏土	4-2b 粉质黏土	5-1 黏质粉土	6-3a 黏土
重度 γ（kN/m³）	18.0	17.0	18.9	18.0	18.2	18.9	18.2
黏聚力 c（kPa）	5.0	9.2	15.9	10.1	11.3	20.7	18.3
内摩擦角 φ（°）	10.0	12.9	17.4	14.7	17.2	37.1	35.4
切线刚度 E_{oed}^{ref}（MPa）	2.00	1.77	3.95	2.21	2.68	4.82	4.30
割线刚度 E_{50}^{ref}（MPa）	3.00	2.67	5.93	3.32	4.02	4.82	4.30
卸载/加载刚度 E_{ur}^{ref}（MPa）	6.00	5.31	11.85	6.63	8.04	28.92	25.80

表 7-4　双东路站支护结构及周边建筑参数

	结构名称	截面尺寸（mm）	材料	本构关系	备注
车站	地下连续墙	800	C30 混凝土	弹性	板单元
	被动区加固土	—	水泥土	弹性	—
	混凝土支撑	800×1000	C30 混凝土	弹性	梁单元
	钢管支撑	ϕ609×16 ϕ800×16	钢材	弹性	梁单元
莱茵堡小区别墅区 1～7 号楼	工程桩（沉管桩）	377	C30 混凝土	弹性	梁单元
	承台及基础梁	—	C30 混凝土	弹性	板单元，等效厚度 400mm
	砌体承重墙	240	C30 混凝土	弹性	板单元
	混凝土梁板	—	C30 混凝土	弹性	板单元，等效厚度 200mm

	结构名称	截面尺寸（mm）	材料	本构关系	备注
莱茵堡门楼	工程桩（沉管桩）	426	C30 混凝土	弹性	梁单元
	承台及基础梁	—	C30 混凝土	弹性	板单元，等效厚度 400mm
	结构柱	500×500	C30 混凝土	弹性	梁单元
	结构梁	250×600	C30 混凝土	弹性	梁单元
双东路小区1号楼	工程桩（沉管桩）	φ377	C30 混凝土	弹性	梁单元
	承台及基础梁	—	C30 混凝土	弹性	板单元，等效厚度 400mm
	结构柱	500×500	C30 混凝土	弹性	梁单元
	结构梁	250×600	C30 混凝土	弹性	梁单元
双东路小区别墅区1～5号楼	满堂基础	—	C30 混凝土	弹性	板单元，等效厚度 300mm
	砌体承重墙	240	C30 混凝土	弹性	板单元
	混凝土梁板	—	C30 混凝土	弹性	板单元，等效厚度 200mm

从图 7-5 可知，基坑四周地表最大沉降量发生在基坑西侧中部位置，最大值出现在基坑开挖到坑底后。莱茵堡别墅对应区域地表沉降最大值为 9.5mm，建筑角点处土体沉降最大值为 8.7mm，沉降差为 1.8mm；莱茵堡门楼对应区域地表沉降最大值为 9.0mm，建筑角点处土体沉降最大值为 3.7mm，沉降差为 5.3mm。

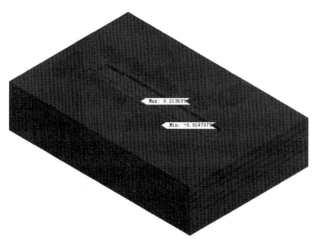

图 7-5 双东路站土体竖向位移云图

从图 7-6～图 7-9 可知，桩基的水平向位移朝向坑内，最大侧移发生在离基坑最近桩，深度在坑底附近，沿远离基坑方向逐渐减小；上部结构变形与基础变形基本一致，

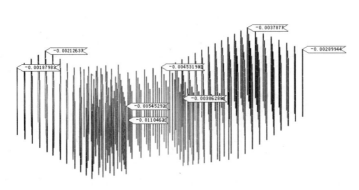

图 7-6 莱茵堡门楼桩基水平位移云图

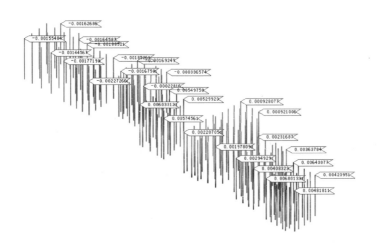

图 7-7 莱茵堡别墅桩基水平位移云图

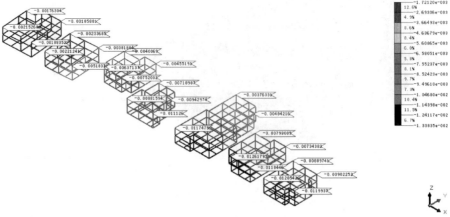

图 7-8 莱茵堡别墅上部结构竖向位移云图

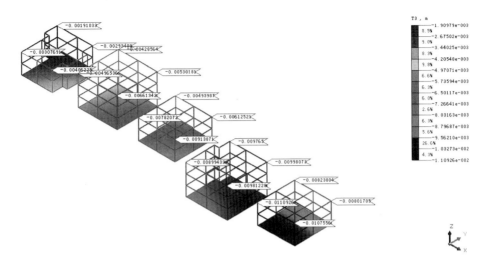

图 7-9　双东路别墅上部结构竖向位移云图

变形数值略小于基础变形值。莱茵堡别墅小区 1 号楼至 7 号楼中，1 号楼变形最大，这是因为 7 幢楼尽管离坑边距离相近，但所处的基坑对应位置不同，如 1 号楼最接近基坑长边中部，故相应变形也越大。

经有限元预测得到的双东路站基坑及周边房屋变形见表 7-5。由表可知：①在原设计方案下，双东路站施工完成后，莱茵堡门楼的桩顶水平位移超控制标准 37.5%；②莱茵堡别墅小区 1 号、2 号、3 号、7 号楼的建筑沉降较大，已超过或接近控制标准，其中靠近基坑中部的 2 号楼沉降最大，1 号楼桩顶水平位移最大，超控制标准 13%，其他楼的变形依次减小；4 号和 6 号楼离基坑较远，5 号楼位于坑角附近，所以该三幢房屋变形较小；③双东路小区别墅按 1 号～5 号楼沉降逐渐减小，附属基坑开挖后，别墅沉降又有不同程度增加，尤其是附属基坑对应区段的 1 号～3 号楼，沉降已接近控制标准（本模型采用 600 厚地下连续墙建模，若采用原 SMW 工法桩，则变形可能更大）；④由于双东路小区 1 号楼离坑角较远，因此基坑开挖对其影响较小。总的来看，其他相关加固措施的制定应以保证工程桩桩顶最大水平位移和建筑最大沉降小于变形控制标准为目标。

表 7-5　双东路站基坑及周边房屋变形预测结果

保护建筑	建筑最大沉降（mm）		角变量（整体倾斜）		桩顶水平位移（mm）		桩身允许弯矩（kN·m）	
	预测结果	控制标准	预测结果	控制标准	预测结果	控制标准	预测结果	控制标准
莱茵堡门楼	4.6	9	1/6950	1.2‰	11	8	13.4	43
莱茵堡别墅 1 号楼	12.1	9	1/5000	1.2‰	6.8	6	8.9	35

保护建筑	建筑最大沉降（mm）		角变量（整体倾斜）		桩顶水平位移（mm）		桩身允许弯矩（kN·m）	
	预测结果	控制标准	预测结果	控制标准	预测结果	控制标准	预测结果	控制标准
莱茵堡别墅 2 号楼	12.6	9	1/5000	1.2‰	4.0	6	10.1	35
莱茵堡别墅 3 号楼	11.7	9	1/1762	1.2‰	2.2	6	7.6	35
莱茵堡别墅 4 号楼	7.5	9	1/9689	1.2‰	1.6	6	5.3	35
莱茵堡别墅 5 号楼	5.1	9	1/13076	1.2‰	2.3	6	6.4	35
莱茵堡别墅 6 号楼	2.1	9	1/35250	1.2‰	1.6	6	2.7	35
莱茵堡别墅 7 号楼	11.1	9	1/8176	1.2‰	6.0	6	6.0	35
双东路小区 1 号楼	1.6	9	1/41666	1.2‰	3.7	6	10.3	35
双东路别墅区 1 号楼	9.5(11.1)	9(11)	1/4259 (1/3965)	1.2‰	—	—	—	—
双东路别墅区 2 号楼	8.6(10.1)	9(11)	1/61500 (1/61500)	1.2‰	—	—	—	—
双东路别墅区 3 号楼	8.4(9.1)	9(11)	1/4731 (4100)	1.2‰	—	—	—	—
双东路别墅区 4 号楼	5.4(6.6)	9	1/20500 (1/9461)	1.2‰	—	—	—	—
双东路别墅区 5 号楼	4.1(4.1)	9	1/10250 (1/10250)	1.2‰	—	—	—	—

注：括号内为附属基坑开挖后的变形。

7.3 措施分析

7.3.1 房屋保护的设计措施

为在实际工程中科学且经济地施加保护措施保障轨道交通深基坑周边房屋安全，采用有限元手段分析增加地下连续墙刚度、增加地下连续墙深度、坑内土体加固等多种设计措施对基坑及周边建筑变形的控制效果及经济性。

1. 设计措施效果分析

以 7.2.2 节三维预测模型为基础，开展包括增加地下连续墙刚度、增加地下连续墙深度、坑内土体加固及隔离桩措施对周边房屋变形影响的控制变形研究，各措施的研究方案见表 7-6。在模型计算中，先假设不考虑对周边房屋的保护，建立无任何变形控制措施的基准模型（地下连续墙厚度 800mm，墙深 39m，无坑内土体加固，无隔离桩）。

然后分别考虑增加地下连续墙刚度、增加地下连续墙深度、坑内土体加固及隔离桩措施，最后将采取控制变形措施的计算模型与基准模型的有限元计算结果进行对比分析。

表 7-6　双东路站设计措施研究方案

控制变形措施		设计参数
增加地下连续墙刚度		地下连续墙墙厚：800mm、900mm、1000mm、1100mm、1200mm T 型墙（外伸 2m，厚 800mm）
增加地下连续墙深度		地下连续墙墙深：39m、42m、45m、48m、51m
坑内土体加固		坑底以上土体弱加固（水泥掺量 10%），置换率：0.2、0.4、0.6、0.8、1.0 坑底以下 3m 土体强加固（水泥掺量 20%），置换率：0.2、0.4、0.6、0.8、1.0
隔离桩	隔离桩与建筑距离	隔离桩与建筑距离：6m、12m
	改变隔离桩桩长	隔离桩桩长：29m、34m、39m、44m、49m
	改变隔离桩直径	隔离桩直径：500mm、600mm、700mm、800mm、900mm

图 7-10 反映了采用不同墙厚的地下连续墙，莱茵堡门楼和莱茵堡小区别墅桩顶水平位移、莱茵堡小区别墅和双东路小区别墅建筑沉降的变化情况。由图可知，各变形指标随墙厚的增加而减小，相比于墙厚为 800mm 的情况，当墙厚增加到 1200mm 时，莱茵堡门楼桩顶水平位移减小了 28.1%（9.76mm），莱茵堡小区别墅桩顶水平位移减小了 31.1%（12.11mm），莱茵堡小区别墅建筑沉降减小了 14.2%（3.45mm），双东路小区别墅建筑沉降减小了 22.2%（10.02mm）。当地下连续墙采用 T 型墙时，莱茵堡门楼桩顶水平位移减小了 64.8%（22.47mm），莱茵堡小区别墅桩顶水平位移减小了 71.0%（27.65mm），莱茵堡小区别墅建筑沉降减小了 47.8%（11.59mm），双东路小区别墅建筑沉降减小了 55.8%（25.21mm）。可见，增加地下连续墙厚度可一定程度减小各变形指标。采用 T 型幅对于控制建筑桩基水平位移和建筑沉降十分有效。

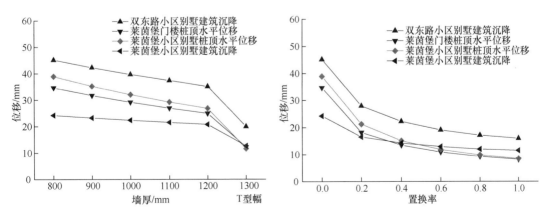

图 7-10　各变形指标随墙厚变化曲线　　图 7-11　各变形指标随土体置换率变化曲线

图 7-11 反映了在采用不同土体加固置换率情况下，莱茵堡门楼和莱茵堡小区别墅

桩顶水平位移、莱茵堡小区别墅和双东路小区别墅建筑沉降的变化情况。由图可知，各变形指标随土体加固置换率的增加而减小，相比于没有坑内加固的情况，坑内满堂加固时，莱茵堡门楼桩顶水平位移减小了76.5%（26.55mm），莱茵堡小区别墅桩顶水平位移减小了31.1%（12.11mm），莱茵堡小区别墅建筑沉降减小了47.8%（11.59mm），双东路小区别墅建筑沉降减小64.8%（29.26mm）。可见，采用坑内土体加固措施对于控制建筑桩顶水平位移和建筑沉降十分有效。

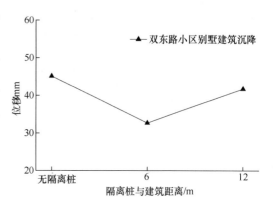

图7-12　各变形指标随隔离桩与建筑距离变化曲线

图7-12～图7-14反映了双东路小区别墅和双东路站基坑之间的隔离桩对别墅建筑变形的影响。由图7-12可知，建筑沉降指标整体上均随隔离桩与建筑距离的减小而减小。相比于没有隔离桩的情况，隔离桩与建筑距离6m时，建筑沉降减小27.6%（12.48mm）。

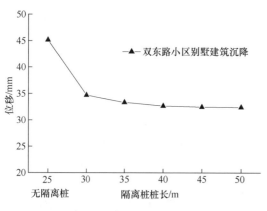

图7-13　各变形指标随隔离桩桩长变化曲线

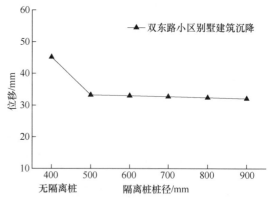

图7-14　各变形指标随隔离桩直径变化曲线

由图7-13可知，建筑沉降指标整体上均随隔离桩桩长的增大而减小。相比于没有隔离桩的情况，隔离桩桩长49m时，建筑沉降减小28.2%（12.75mm）。隔离桩桩长进入土层后再继续增加对建筑沉降的降低效果不明显，设计中考虑隔离桩嵌入土层一定深度即可。

由图7-14可知，建筑沉降指标整体上均随隔离桩桩径的增大而减小。相比于没有隔离桩的情况，隔离桩直径900mm时，建筑沉降减小29.0%（13.09mm）。隔离桩达到一定桩径（墙厚）后再继续增加对建筑沉降的降低效果不明显，这是由于隔离桩对沉降的控制主要在于竖向位移的隔断，设计中考虑隔离桩具有一定刚度即可。

综上可见，采用隔离桩措施（包括加长隔离桩桩长、缩短隔离桩与建筑距离、增大隔离桩桩径）对于控制浅基础建筑的建筑沉降、建筑最大水平位移及建筑角变量都是有效的。

此外，对有限元模拟数据统计分析，并结合实际工程经验，发现在地下连续墙墙趾进入土层一定深度后，再继续增加地下连续墙的深度，对周边环境变形的控制效果较小。

2. 设计措施效费比分析

以上结果反映了各措施在合理施加力度下对于双东路站周边建筑的保护效果，对于措施的选用还需考虑其费用问题。将采取措施后变形相对于目前设计方案下变形的减小量（效果）除以相应增加的措施费用（按每延米计），得到各措施的效费比。

由图 7-15 可知，各变形指标对应的效费比随墙厚增大而减小，在采用 T 型幅时最高。由图 7-16 可知，总体来说，各变形指标效费比随土体置换率增大而减小，在土体置换率为 0.2 时为最佳。

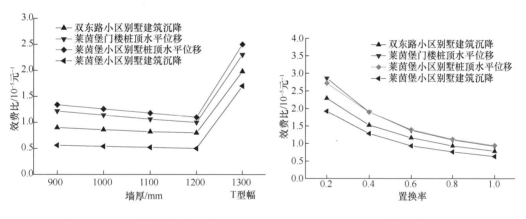

图 7-15 各变形指标效费比随 墙厚变化曲线

图 7-16 各变形指标效费比随土体 置换率变化曲线

由图 7-17、图 7-18 和图 7-19 可知，对于建筑沉降控制指标，效费比随隔离桩与建

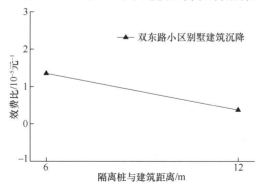

图 7-17 各变形指标效费比随隔离桩与建筑距离变化曲线

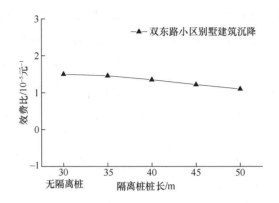

图 7-18　各变形指标效费比随隔离桩桩长变化曲线

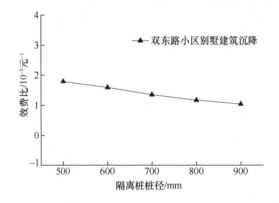

图 7-19　各变形指标效费比随隔离桩直径变化曲线

筑距离减小而增大，在隔离桩与建筑距离 6m 时为最佳；效费比随隔离桩桩长增大而减小，在隔离桩桩长为 29m 时为最佳；效费比随隔离桩桩长增大而减小，在隔离桩直径为 500mm 时为最佳。

3. 设计措施择优

以上主要就各措施对建筑变形控制的效果以及相应的效费比情况进行了对比，为从各措施中选出针对莱茵堡门楼、莱茵堡小区别墅和双东路小区别墅的优化措施，绘图 7-20～图 7-23。

从图 7-20～图 7-23 可知，在控制莱茵堡门楼桩顶水平位移、莱茵堡小区别墅桩顶水平位移和建筑沉降的效果中，坑内土体加固的性价比最优，增加地下连续墙墙厚效果一般（采用 T 型幅时效果明显），增加地下连续墙深度效费比不佳。

各措施效果与费用的分析如下：

（1）对于控制基坑开挖导致的建筑变形，坑内加固措施优先级最高，且土体置换率不需要过大就能达到不错的变形控制效果。该措施施工相对简单，宁波已建车站基坑已有采取该措施案例，具有一定施工经验，且费用适中。但需指出，加固时应采用合适的

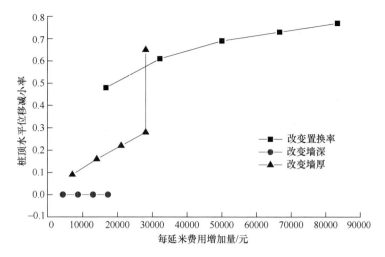

图 7-20　各措施下莱茵堡门楼桩顶水平位移减小率与费用增量的关系

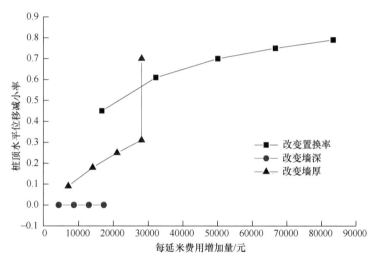

图 7-21　各措施下莱茵堡小区别墅桩顶水平位移减小率与费用增量的关系

水泥掺量，并确保施工质量，因为水泥掺量过低达不到土体加固的效果，而过高则会给后期挖土带来困难。

（2）增加地下连续墙墙厚对于控制建筑变形的效费比不高，但采用 T 型幅时效费比提升显著，是除坑内加固措施外推荐优先级较高的措施。目前，T 型截面地下连续墙已在上海、天津、杭州等软土地区深基坑工程中成功运用，可作为本工程措施之一。但需指出，T 型幅施工时间长，成槽塌壁风险大，大面积施工时应注意施工对周边建筑的影响。

（3）隔离桩同样是一种行之有效的设计措施，尤其在控制建筑沉降与倾斜方面的能力突出。隔离桩宜靠近保护建筑设置（由于桩基施工作用空间限制，建议大于 5m），而且嵌入土层的小桩径隔离桩的效费比较高。

（4）地下连续墙墙趾进入土层一定深度后，再继续增加地下连续墙的深度，对周边

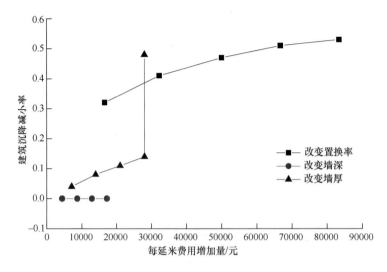

图 7-22　各措施下莱茵堡小区别墅建筑沉降减小率与费用增量的关系

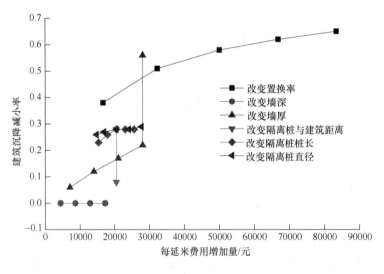

图 7-23　各措施下双东路小区别墅建筑沉降减小率与费用增量的关系

环境变形的控制效果不显著。因此，不推荐增加地下连续墙深度的措施。

（5）为使双东路站基坑开挖导致莱茵堡门楼、莱茵堡小区别墅和双东路小区别墅建筑变形小于控制标准，提出以下加固方案：原方案 800 厚地下连续墙变更为 1000 厚地下连续墙；原方案置换率约 60％的坑内土体加固变更为置换率约 80％；原方案附属基坑 SMW 工法桩变更为 600 厚地下连续墙；双东路小区别墅与基坑之间设置 ϕ600@800 长度 26m 隔离桩。加固方案示意图如图 7-24 所示，费用增加 830 万元。采用加固方案后，莱茵堡门楼和莱茵堡小区别墅桩顶水平位移、莱茵堡小区别墅和双东路小区别墅建筑沉降预测结果均能满足变形控制标准（表 7-7），房屋各变形指标整体减小，且具有充分的安全余量。

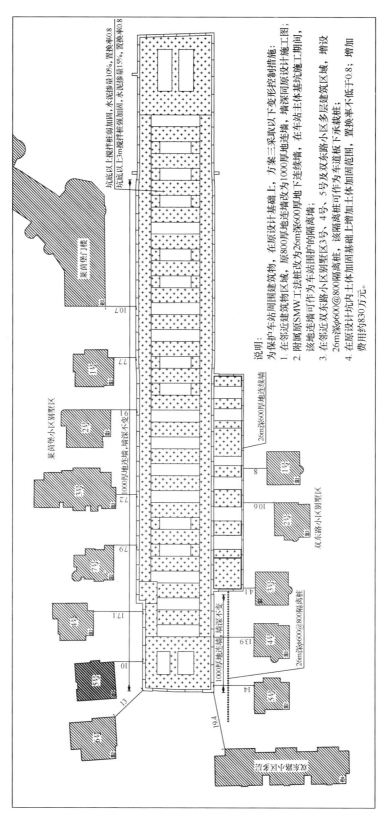

说明：

为保护车站周围建筑物，在原设计基础上，方案三采取以下变形控制措施：

1. 在邻近建筑物区域，原800厚地连墙改为1000厚地连墙，墙深同原设计施工图；

2. 附属原SMW工法桩改为26m深600厚地下连续墙，该地连墙可作为车站围护的隔离墙；

3. 在邻近双东路小区别墅区3号、4号、5号及双东路小区多层建筑区域，增设26m深φ600@800隔离桩，该隔离桩可增加土体加固基础下承载力；

4. 在原设计坑内土体加固范围，置换率不低于0.8，置换率不低于0.8。费用约830万元。

图7-24 双东路站加固方案示意图

表7-7 双东路站基坑周边房屋变形预测结果

保护建筑	建筑最大沉降(mm)			角变量/整体倾斜			桩顶最大水平位移(mm)			桩身允许最大弯矩(kN·m)		
	原方案	加固方案	控制标准	原方案	加固方案	控制标准	原方案	加固方案	控制标准	原方案	加固方案	控制标准
莱茵堡门楼	4.6	3.2	9	1/6950	1/12636	1.2‰	11	7.5	8	13.4	14.8	43
莱茵堡别墅1号楼	12.1	5.9	9	1/5000	1/47000	1.2‰	6.8	1.1	6	8.9	4.9	35
莱茵堡别墅2号楼	12.6	6.5	9	1/5000	1/10000	1.2‰	4.0	1.7	6	10.1	4.6	35
莱茵堡别墅3号楼	11.7	6.4	9	1/1762	1/9000	1.2‰	2.2	1.9	6	7.6	6.7	35
莱茵堡别墅4号楼	7.5	4.7	9	1/9689	1/10846	1.2‰	1.6	0.7	6	5.3	3.8	35
莱茵堡别墅5号楼	5.1	2.5	9	1/13076	1/136000	1.2‰	2.3	0.4	6	6.4	3.1	35
莱茵堡别墅6号楼	2.1	1.4	9	1/35250	1/80000	1.2‰	1.6	1.0	6	2.7	3.2	35
莱茵堡别墅7号楼	11.1	5.3	9	1/8176	1/46333	1.2‰	6.0	2.1	6	6.0	3.9	35
双东路小区1号楼	1.6	1.2	9	1/41666	1/62500	1.2‰	3.7	2.2	6	10.3	10.4	35
双东路别墅区1号楼	9.5(11.1)	7.1(8.1)	9(11)	1/4259	1/4920	1.2‰	—	—	—	—	—	—
双东路别墅区2号楼	8.6(10.1)	6.5(7.7)	9(11)	1/61500	1/17571	1.2‰	—	—	—	—	—	—
双东路别墅区3号楼	8.4(9.1)	5.2(5.9)	9(11)	1/4731	1/6473	1.2‰	—	—	—	—	—	—
双东路别墅区4号楼	5.4(6.6)	3.7(3.7)	9(11)	1/20500	1/6150	1.2‰	—	—	—	—	—	—
双东路别墅区5号楼	4.1(4.1)	1.7(1.7)	9(11)	1/10250	1/9583	1.2‰	—	—	—	—	—	—

注：括号内为附属基坑开挖后的变形。

7.3.2 施工控制措施与监测措施

7.3.2.1 施工措施

1. 控制基坑开挖时间效应

大量基坑工程的现场实测表明，基坑及周边变形与基坑的暴露时间具有明显的相关性。在软土地区，土的强度低，含水量高，流变性显著，所以对于软土地区的基坑工程，如果要了解基坑变形的时效并达到控制变形的目的，必须研究土的流变性即土体的应力和变形随时间不断变化的特性。土体的蠕变性是流变性中的一种类型，它表现为在应力水平不变的条件下，应变随时间增长的特性。宁波地区的软土具有明显的蠕变特性，故在基坑变形控制的研究中考虑这一特性的影响至关重要。

为了合理地认识和预测由于基坑开挖的时间效应对坑周土体变形与支护结构位移的影响，以双东路站为例，采用基于软土流变黏弹塑性模型（SSC 模型）的 Plaxis 有限元软件，建立了考虑施工过程的有限元分析模型，探讨不同支撑设置时间（无支撑暴露时间）和不同垫层设置时间（无垫层暴露时间）等时间因素对基坑支护结构变形和基坑周边土体及建筑沉降的影响规律。

图 7-25 和图 7-26 分别表示，基坑二道支撑设置完毕所需时间为 0d、0.17d、1d、2d、5d 和 10d 时，分别对应的墙身水平位移和基坑周边建筑沉降曲线。由图可知，开挖到预定标高后，距离二道支撑设置完毕的时间越长，墙身水平位移和基坑周边建筑沉降越大，反映了软土的蠕变特性和及时支撑的重要性。

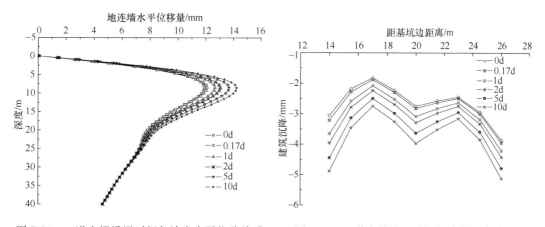

图 7-25 二道支撑设置时间与墙身水平位移关系　　图 7-26 二道支撑设置时间与建筑沉降关系

图 7-27、图 7-28 和图 7-29 分别表示基坑开挖到二道支撑底标高及之后 10d 内未设置支撑，地下连续墙最大水平位移时程曲线、基坑周边建筑最大沉降时程曲线和基坑周边建筑桩顶水平位移时程曲线。由图可以看出，由于挖土导致基坑快速卸荷，墙身水平位移和基坑周边建筑基础沉降及沉降差均急剧发展，虽然在开挖完成后的施工间歇期内

墙身变形和建筑变形有所减小，但均仍持续发展。当设置第二道支撑所需时间为 0.17d 时，蠕变引起的墙身水平位移占总位移的 1.7%，基坑周边建筑基础沉降占总沉降的 2.0%，建筑基础占水平位移总水平位移的 0.9%；当设置第二道支撑所需时间为 10d 时，蠕变引起的墙身水平位移占总位移的 16.4%，基坑周边建筑基础沉降占总沉降的 24.6%，建筑基础水平位移占总水平位移的 14.1%。

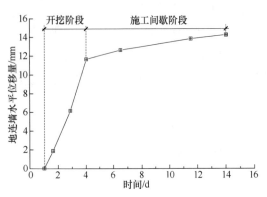

图 7-27　墙身最大水平位移时程曲线　　　　图 7-28　建筑最大沉降时程曲线

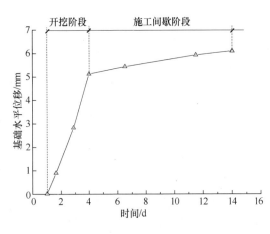

图 7-29　建筑桩顶水平位移时程曲线

通过数值模拟发现，支撑及垫层设置时间不同，影响基坑挡墙及基坑周边建筑的变形。因此，当基坑开挖至支撑底和坑底预定标高后，应尽可能在较短时间内完成支撑和垫层施工，防止基坑变形的进一步发展，避免因基坑长期暴露导致变形增大而对基坑安全和周围环境造成影响。

要求单块土体开挖后 4h 内形成钢支撑，在开挖至标高后 4h 内完成垫层的浇筑，缩短基坑无支撑（垫层）暴露时间。

2. 控制地下水位变化

除了基坑开挖卸荷的影响外，地下水位的变化（包括基坑降水，围护墙墙缝漏水等）同样是导致坑外土体变形的一个重要原因。

以双东路站主体基坑施工中基坑周边水位变化可能导致的地表沉降分析为例，如图 7-30 所示，假定基坑施工过程中坑边水位发生下降而形成的渗降漏斗曲线与抽水导致的渗降漏斗曲线类似并满足 J. Dupuit 公式，分别求得地下水位下降 1m 到 4m 时的离坑边不同位置处的沉降等值线图，见图 7-31，各点沉降值见表 7-8。

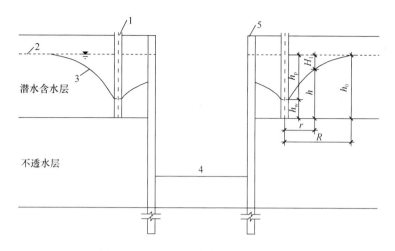

图 7-30　基坑周边渗降漏斗曲线示意图

1—观测井；2—地下水位；3—水位降深曲线；4—基坑；5—围护结构

表 7-8　施工中坑边水位下降导致的沉降预测（mm）

序号	下降 1m	下降 2m	下降 3m	下降 4m
A	0.12	1.10	2.90	5.60
B	0	0.20	0.82	1.80
C	0	0.01	0.27	0.77
D	0	0	0.06	0.32
E	0	0	0	0.11

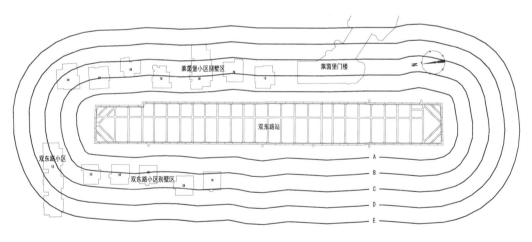

图 7-31　坑边水位下降导致的地表沉降

由图 7-31 可知，坑边水位下降导致的地表沉降随离坑边距离的增加而减小。坑边水位下降 1m 时，导致周边地表的沉降很小，但随着水位降深的增加，地表沉降非线性增长，变形增大极为显著。如果认为地表沉降与建筑沉降相同，以 9mm 为沉降控制指标，那么坑边水位下降 4m 导致的房屋沉降占沉降控制指标的 62.2%，这一由于水位变化导致的房屋沉降是不容许的。因此，有必要在双东路站主体基坑施工期间密切关注水位变化，要求双东路站主体基坑施工期间实际水位变化控制在1m以内，尽可能减小由于施工中地下水位变化对周边房屋的影响。

对于防止地下水渗漏的措施，应从改进地下连续墙接头及其施工工艺着手。常用的地下连续墙接头中，锁口管接头因其造价低而被普遍应用，但其接头在施工中存在顶拔困难、止水效果差等缺点；而工字钢接头与十字钢板接头都为刚性接头，适用于土质条件较差的地层，防水性能也较锁口管有很大的提高，但是工程造价较高，故在一般地下连续墙施工中使用较少；铣接头与锁口管接头同为柔性接头，常应用于硬土层的深基坑地下连续墙施工，但同样存在渗漏问题。鉴于常规地下连续墙接头的缺点，建议采用钢片橡胶防水（GXJ）接头（图7-32）。

 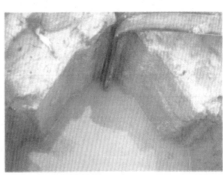

(a)　　　　　　　　　　　　　　　(b)

图7-32　GXJ接头照片

（a）接头板；（b）钢片橡胶止水带

3. 控制钢支撑轴力变化

宁波轨道交通深基坑采用的钢支撑通常为609mm×16mm钢管支撑，其端部可复加轴力活络接头而起到支撑围护结构的作用，并满足基坑快速开挖施工的要求。由于基坑挡墙侧移随基坑开挖深度的增加而变化，钢支撑在支撑受力过程中会出现应力松弛而造成轴力损失，需要对其进行轴力复加。轴力复加作业需要重新安装千斤顶并加载，每根钢支撑复加一次轴力需2h，工效低；并且几十根钢支撑的基坑在施工实施时很难做到及时复加轴力，这就可能导致基坑挡墙应支撑不到位而产生附加变形。

近年来，钢支撑轴力伺服系统（图7-33）已在上海等地的轨道交通深基坑工程中得到广泛应用，并取得了良好的变形控制效果。该系统可将深基坑钢支撑的轴力由被动受压和松弛的变形转变为主动加压调控变形，根据紧邻深基坑保护对象的变形控制要求，主动进行基坑围护结构的变形调控，理论上说，可使基坑挡墙变形保持在设计设定的变形内。

图 7-33　钢支撑轴力伺服系统现场应用照片

从已建的宁波地铁车站深基坑的监测数据看，传统钢支撑体系的围护结构侧向变形约为 30mm，甚至达到 40～50mm，这与轨道交通深基坑的挡墙侧移控制标准相距甚远。鉴于此，建议基坑工程采用钢支撑轴力伺服系统，达到对支撑轴力及挡墙变形有效控制的目的。

4. 控制周边交通荷载

为保证双东路站地下工程施工期间上部车辆的通行，原双东路将进行道路改造。从目前车站基坑与周边房屋的距离看，道路改造线路将会位于基坑西侧且靠近双东路小区别墅区。根据以往工程经验，对于像双东路小区别墅这类浅基础建筑，长时间近距离行车（包括车辆荷载与振动）极有可能造成建筑沉降与开裂，加之车站基坑开挖对双东路小区别墅的影响，别墅保护形势严峻。建议道路改造线路采用架空的车道板（梁板结构），将车辆荷载通过下部桩体传递至深处土体中；另外，在车道板与别墅之间区域，不得进行施工堆载与大型车辆通行。

7.3.2.2　施工管理要点及注意事项

1. 地下连续墙施工

轨道交通深基坑在围护结构施工期间应进行施工监测，采取调整泥浆配比、适当提高泥浆液面高度、缩短单幅槽壁宽度等以优化施工参数为主的施工措施，严格控制地下连续墙从成槽到混凝土浇筑完成的时间，加快单幅槽段施工速度，控制由围护结构施工所引起的地层位移对周围环境的影响。

2. 地基加固施工

地基加固是减小双东路站主体基坑施工对周边建筑影响的重要措施，为达到设计要求的加固效果，应采用合理的施工方法并注重各环节技术参数的控制。对在施工过程中水泥掺入量、水泥泵喷浆均匀程度进行实时监控，确保水泥掺合的均匀度和水泥加固体的均匀性。对施工顺序和进度进行控制和必要的修正，控制土体加固施工对围护挡墙以及周边环境的影响。

3. 基坑降水施工

双东路站主体基坑期间地下水位的变化是导致周边建筑变形的重要原因之一。因此，须采取相关措施控制地下水位的变化。必须在围护结构全封闭，地基加固（如三轴搅拌桩加固）施工结束后才能进行坑内成井施工。根据基坑突涌可能性计算，进行减压性降水，在满足工程减压要求的前提下，尽量减少由于降压降水引起的地表沉降以及降水对周边建筑物的不利影响。

4. 支撑施工

支撑施工应保证施工速度，减少因基坑无支撑暴露时间增大而导致的基坑挡墙变形增大，进而影响周边房屋安全。

与传统钢支撑相比，自伺服系统局部轴力可能较大，在支撑受力节点应适当加强。若仍采用人工施加钢支撑预应力的方式，应做到钢支撑预应力的及时施加，当监测的支撑压力出现损失时，应再次施加预应力。

此外，在拆除首道钢筋混凝土支撑时，应采用人工搭设支架，人工凿除的方法，不应采用爆破方式拆除，以避免施工振动对周边建筑物的影响。

5. 土方开挖施工

基坑开挖方法、设撑和拆撑顺序应与设计工况一致，施工中必须严格按照施工规范操作，在开挖过程中掌握好"分层、分步、对称、平衡、限时"五个要点。对于轨道交通深基坑（长条型深基坑），必须按设计要求分段开挖和浇筑底板，每段开挖中又分层、分小段，并限时完成每小段的开挖和支撑。轨道交通深基坑土方开挖示意图见图7-34。

由于施工场地限制等原因，基坑设计方案中常存在上部盖板，即需进行盖挖或半盖挖施工方式，而这将增大基坑出土速度及支撑设置时间，对控制基坑变形不利。如必须采用盖挖或半盖挖施工方式，建议制定针对挖土与设撑的专项施工方案，保证施工速度。

6. 管线改迁开槽

本工程存在管线改迁开槽及杂填土换填等其他土方开挖作业，由于这些作业离房屋很近，极易造成房屋（尤其是浅基础房屋）变形。必要时应制定专项施工方案，并密切关注施工期房屋变形的变化。

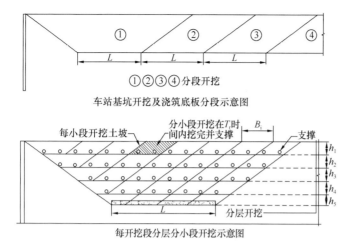

①②③④分段开挖

车站基坑开挖及浇筑底板分段示意图

每开挖段分层分小段开挖示意图

开挖参数应由设计规定，通常取值范围为：
分段长度：$L \leq 25m$
每小段宽度：$B_i = 3 \sim 6m$
每层厚度：$h_i = 3 \sim 4m$
每小段开挖支撑时限：
$T_i = 8 \sim 24h$
L、B_i、h_i、T_i在施工时可根据监测数据进行适当调整，但必须经过设计同意。

图 7-34　轨道交通深基坑土方开挖示意图

7.3.2.3　监测措施

轨道交通深基坑的支护施工及土方开挖都会对周边的地层及土质进行扰动，并有可能对相邻的地下管线及构筑物等造成较大的影响，影响周边建筑的安全，因此，在基坑支护施工及土方开挖过程中要对基坑及周边的建筑物的变形及位移进行监测，当变形达到或超过报警值时应采取相应的补救措施。基坑监测作为一项对于基坑以及基坑周围建筑和环境安全的检查和监控技术，现场监测所产生的动态信息是对现场情况的及时性反馈，对施工现场的情况有很强的指导和参考作用。

轨道交通深基坑施工应遵循"动态化设计、信息化施工、全方位监测"的原则，相关监测应请有资质、经验丰富，并能够详细分析监测数据变化原因的单位。监测单位应根据车站基坑支护结构及周边建筑的监测要求及现场实际情况，制定全面有效的安全监测方案（包括监测点布置、监测日程安排及具体的报警值等），及时准确的记录监测结果，并形成书面文件报送参建各方及相关政府监督部门。要求在基坑开挖过程中，管理单位及施工单位须定时定人对基坑进行巡视，密切关注保留建筑自身结构及临近支护结构的情况，一旦发现异常情况及时分析原因立即通知有关各方会同解决。工程相关监测工程的开展应严格按照《监测监控管理标准》及《宁波市轨道交通工程监测监控管理办法》的要求执行。

车站基坑开挖导致的周边环境变形具有滞后性，即基坑围护结构发生变形后一段时间，开挖对建筑的影响才会逐渐体现。基坑变形对于后续建筑变形有极强的预示作用，因此，对于紧邻建筑的轨道交通基坑，其本身的监测工作始终是监测的重点之一。

基坑监测中测点的布置应满足相关规范的要求，形成完整的监测网络，另外，对于临近保护建筑的基坑段，宜适当增加测点布设密度，提高量测频率，重视变形发展情况，并及时处理分析监测数据，真正做到对周边房屋的安全预警。

由于基坑开挖对周边建（构）筑物的地基土发生扰动，邻近建（构）筑物会发生沉降、倾斜和裂缝现象，对其进行监测，提供实测数据，对建（构）筑物的安全做出评价，使基坑开挖顺利进行。建（构）筑物的变形观测可以分为沉降观测、倾斜观测和裂缝观测三部分内容。建（构）筑物的沉降监测是为了分析相对沉降是否有差异，以监视建（构）筑物的安全。建（构）筑物的倾斜监测目的是验证地基沉降的差异和监视建（构）筑物安全。建（构）筑物的裂缝观测测定建筑上的裂缝分布位置和走向、长度、宽度和变化情况。

建（构）筑物变形的测点应尽量布置在不易受碰撞，且易于观测的地方。测点受损后，应立即在原来位置上埋设测点。修复后取得初始高程，累计变量在原来的基础上继续累加，保证数据的连续性。

7.3.2.4 应急措施

本工程原则上不允许出现急救抢险的情况。万一发生险情时，可根据情况采取以下应急措施：

（1）立即停止基坑开挖并扩大监测布点范围，增加监测频率，并及时提交监测结果。

（2）清理基坑周边堆载，有条件的情况下适当挖除基坑周边土体进行卸载。

（3）利用原土或编织袋装碎石快速回填。

（4）若开挖至支撑底或底板底时报警，在支护墙内侧快速设置混凝土垫层。

（5）水平位移较大的部位增设钢支撑。

（6）若土体渗水明显，或出现坑底冒水冒砂等现象，应立即采取有效的封堵或降压措施。

（7）若房屋倾斜达到控制值且变形仍不稳定，应在外墙部位立即增设附加斜撑，必要时应进行部分托换、注浆等纠偏措施，尽量减少其倾斜。

此外，工程监测报警或出现险情时，除应立即采取应急措施外，各责任主体应协商确定确保基坑及周边房屋安全的技术及管理措施，制定补救及加固方案，并立即组织实施。

7.4 实测分析

以上章节已从设计及施工方面对临近宁波市轨道交通4号线双东路站主体基坑的主要房屋的保护措施进行研究。本章基于4号线双东路站主体基坑施工阶段邻近建筑物的实测数据，通过数据分析与对比，分析规律，验证保护措施效果。

7.4.1 双东路站基坑及周边房屋变形实测结果分析

7.4.1.1 现场施工情况

双东路站基坑已施工至±0.000。基坑施工期间各个典型阶段工况见表7-9。

表 7-9 各工况时间节点

时间节点	工况描述
2017-07-16	车站基坑地下连续墙施工完成
2017-12-20	车站结构底板施工完成
2018-04-13	车站结构中板施工完成
2018-05-07	车站结构顶板施工完成

各阶段施工现场见图 7-35～图 7-42。

图 7-35 地下连续墙施工

图 7-36 一道混凝土支撑浇筑完成

图 7-37　二道钢支撑设置完成

图 7-38　三道钢支撑设置完成

图 7-39　四道钢支撑设置完成

图 7-40　车站结构底板完成

图 7-41　车站结构中板完成

图 7-42　车站结构顶板完成

7.4.1.2　实测数据分析

实际施工过程中对双东路站周边房屋采取的保护措施：①对车站基坑内土体进行置换率不低于 0.8 的土体加固；②车站主体结构基坑开挖前先行施工附属结构基坑围护墙（SMW 工法桩）作为隔离桩；③在钢支撑上设置钢筋伺服系统。因建筑桩基为隐蔽工程，实际不易测量，故双东路站基坑施工期间，仅在周边房屋角点处布设建筑沉降监测点，见图 7-43。监测范围覆盖了主体结构 3 倍基坑开挖线范围内的所有建筑，本报告仅

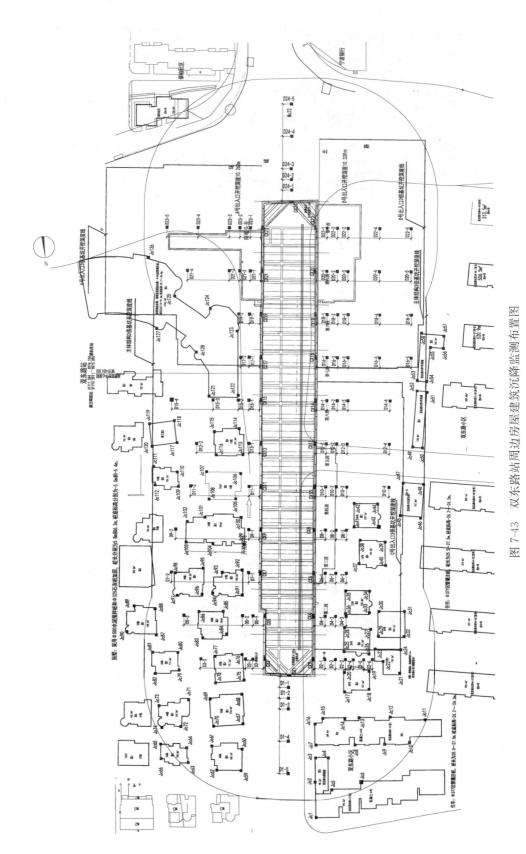

图 7-43 双东路站周边房屋建筑沉降监测布置图

针对车站基坑周边主要房屋实测结果进行分析。建筑沉降实测结果见表 7-10，双东路站周边主要房屋的角变量实测结果见表 7-11。

表 7-10 双东路站基坑周边房屋沉降实测结果

保护建筑	测点编号	建筑沉降（mm）			
		地下连续墙完成	底板完成	中板完成	顶板完成
莱茵堡门楼	Jc121	−4.16	4.97	6.96	7.17
	Jc122	−3.5	23.61	30.16	31.53
	Jc123	−2.24	30.42	37.1	38.28
	Jc124	−3.58	11.77	15.54	15.41
	Jc125	−2.44	4.55	5.25	4.60
	Jc126	−0.76	9.21	11.31	10.84
	Jc127	−3.45	6.29	11.44	11.48
	Jc128	−6.49	4.61	7.07	8.02
莱茵堡别墅 1 号楼	Jc113	9.67	38.44	测点破坏	测点破坏
	Jc114	7.89	33.43	测点破坏	测点破坏
	Jc115	−0.9	16.68	测点破坏	测点破坏
	Jc116	2.08	23.31	测点破坏	测点破坏
莱茵堡别墅 2 号楼	Jc105	5.57	54.62	78.28	79.67
	Jc106	9.71	64.57	92.96	94.28
	Jc107	2.03	28.51	48.93	49.72
	Jc108	1.42	30.49	48.53	49.32
莱茵堡别墅 3 号楼	Jc99	3.34	47.36	64.82	66.61
	Jc100	3.6	49.55	69.21	70.99
	Jc101	2.22	45.63	64.26	65.38
	Jc102	−1.81	23.77	37.93	39.79
	Jc103	−1.33	10.79	20.73	21.74
	Jc104	0.77	30.73	44.17	45.02
莱茵堡别墅 4 号楼	Jc83	2.21	16.05	24.43	26.93
	Jc84	6.33	35.73	49.14	51.61
	Jc85	7.46	43.43	57.57	60.47
	Jc86	1.87	15.68	25.51	26.30
莱茵堡别墅 5 号楼	Jc75	6.72	34.37	47.01	52.66
	Jc76	9.87	45.67	60.07	66.54
	Jc77	3.87	27.6	37.18	44.16
	Jc78	2.51	16.83	25.44	29.89

保护建筑	测点编号	建筑沉降（mm）			
		地下连续墙完成	底板完成	中板完成	顶板完成
莱茵堡别墅6号楼	Jc67	5.82	测点破坏	测点破坏	测点破坏
	Jc68	5.66	27.06	35.48	41.54
	Jc69	4.51	16.04	21.39	26.35
	Jc70	5.35	9.01	10.19	12.14
莱茵堡别墅7号楼	Jc91	9.11	63.73	70.94	测点破坏
	Jc92	5.22	53.55	58.56	测点破坏
	Jc93	0.08	22.46	27.55	测点破坏
	Jc94	−1.66	35.54	40.86	测点破坏
双东路小区1号楼	Jc7	−0.84	测点破坏	测点破坏	测点破坏
	Jc8	−2.03	−3.36	−4.57	−2.32
	Jc9	−1.45	−3.11	−3.03	−0.89
	Jc10	−0.53	−2.82	−3.2	−1.09
	Jc11	1.25	−2.16	−2.72	−0.04
	Jc12	−1.68	−3.48	−3.97	−1.90
	Jc13	−1.11	−3.02	−3.49	−1.28
	Jc14	−2.76	−3.17	−3.89	−1.45
	Jc15	−3.05	−3.9	−3.14	−0.81
	Jc16	−1.60	−3.01	−1.58	1.00
双东路别墅区1号楼	Jc41	−0.73	24.51	35.21	34.27
	Jc42	−0.57	24.07	34.92	34.13
	Jc43	−1.4	15.77	25.81	26.03
	Jc44	−3.09	14.07	25.96	24.98
双东路别墅区2号楼	Jc37	4.07	27.92	38.74	39.04
	Jc38	2.03	25.72	36.14	36.47
	Jc39	0.21	11.73	20.95	20.81
	Jc40	0.06	12.99	22.06	21.41
双东路别墅区3号楼	Jc33	−1.5	测点破坏	测点破坏	测点破坏
	Jc34	3.31	28.39	40.13	40.51
	Jc35	9.38	55.29	69.47	70.56
	Jc36	测点破坏	测点破坏	测点破坏	测点破坏
双东路别墅区4号楼	Jc25	12.15	68.8	87.29	测点破坏
	Jc26	4.34	35.46	49.87	测点破坏
	Jc27	测点破坏	测点破坏	测点破坏	测点破坏
	Jc28	12.08	79.02	96.52	测点破坏

保护建筑	测点编号	建筑沉降（mm）			
		地下连续墙完成	底板完成	中板完成	顶板完成
双东路别墅区5号楼	Jc17	8.29	38.34	50.93	测点破坏
	Jc18	1.07	7.54	12.46	测点破坏
	Jc19	4.28	27.86	38.1	测点破坏
	Jc20	15.88	70.48	90.83	测点破坏

表7-11 双东路站基坑周边房屋角变量实测结果

保护建筑	方位	测点编号	角变量/整体倾斜（‰）			
			地下连续墙完成	底板完成	中板完成	顶板完成
莱茵堡门楼	北侧	Jc122～Jc127	−0.05	0.29	0.38	0.41
	南侧	Jc123～Jc126	−0.03	0.38	0.46	0.49
莱茵堡别墅1号楼	北侧	Jc113～Jc116	0.58	1.16	测点破坏	测点破坏
	南侧	Jc114～Jc115	0.73	1.40	测点破坏	测点破坏
莱茵堡别墅2号楼	北侧	Jc105～Jc108	0.33	1.93	2.38	2.43
	南侧	Jc106-Jc107	0.47	2.19	2.67	2.70
莱茵堡别墅3号楼	北侧	Jc99～Jc103	0.17	1.31	1.57	1.60
	南侧	Jc100～Jc102	0.20	0.97	1.18	1.18
莱茵堡别墅4号楼	北侧	Jc84～Jc83	0.34	1.64	2.06	2.06
	南侧	Jc85～Jc86	0.47	2.31	2.67	2.85
莱茵堡别墅5号楼	北侧	Jc75～Jc78	0.31	1.30	1.60	1.69
	南侧	Jc76-Jc77	0.44	1.34	1.70	1.66
莱茵堡别墅6号楼	北侧	Jc67-Jc70	0.03	测点破坏	测点破坏	测点破坏
	南侧	Jc68～Jc69	0.07	0.69	0.88	0.95
莱茵堡别墅7号楼	北侧	Jc91～Jc94	0.74	1.94	2.07	测点破坏
	南侧	Jc92～Jc93	0.51	3.11	3.10	测点破坏
双东路小区1号楼	北侧	Jc7-Jc10	−0.01	测点破坏	测点破坏	测点破坏
	南侧	Jc16-Jc11	−0.05	−0.02	0.02	0.02
双东路别墅区1号楼	北侧	Jc41～Jc43	0.06	0.76	0.82	0.72
	南侧	Jc42～Jc44	0.22	0.87	0.78	0.80
双东路别墅区2号楼	北侧	Jc37-Jc40	0.33	1.22	1.37	1.45
	南侧	Jc38～Jc39	0.15	1.15	1.25	1.28
双东路别墅区3号楼	北侧	Jc36-Jc33	测点破坏	测点破坏	测点破坏	测点破坏
	南侧	Jc35～Jc34	0.53	2.34	2.55	2.61
双东路别墅区4号楼	北侧	Jc25～Jc26	0.63	2.71	3.04	测点破坏
	南侧	Jc28～Jc27	测点破坏	测点破坏	测点破坏	测点破坏

续表

保护建筑	方位	测点编号	角变量/整体倾斜（‰）			
			地下连续墙完成	底板完成	中板完成	顶板完成
双东路别墅区 5 号楼	北侧	Jc17-Jc18	0.59	2.52	3.15	测点破坏
	南侧	Jc20～Jc19	0.95	3.49	4.32	测点破坏

由表 7-10 和表 7-11 可知，双东路站周边其他主要房屋的建筑沉降整体呈现"靠近侧基坑大，远离侧基坑小"的特点，角变量呈现出建筑向基坑内转动的趋势，这与有限元模拟所得规律是一致的。实测得到的建筑沉降最大值及角变量基本均大于有限元模拟结果。产生此等现象的原因：①有限元模拟中采用的保护措施在实际施工过程中并未全部采用；②有限元模拟仅计算基坑开挖期间的房屋变形，而非车站基坑施工全过程的房屋变形；③与实际情况相比，有限元模拟未考虑基坑施工的时间效应及外界施工扰动的影响。因此，主要应从变形规律及趋势方面比较有限元计算结果与实测结果。

值得注意的是，双东路小区 1 号楼建筑沉降最大值及角变量与有限元模拟结果较为接近，在地下连续墙施工期间，建筑竖向变形表现为隆起且基坑开挖期间沉降量较小，这是因为该建筑距离车站主体基坑较远（约 19.9m），且其工程桩较长（25.5～27.5m），桩端有良好的持力层，致使基坑施工对其影响较小。

实测结果显示，莱茵堡门楼靠近车站基坑的两个测点（Jc122 和 Jc123）反映的建筑最大沉降值分别达到了 31.53mm 和 38.28mm，大于该建筑远离车站基坑的其他测点反映的数据，这与有限元模拟结果是一致的；此外，由于该建筑垂直车站基坑方向的跨度较大，因此房屋整体倾斜（角变量 0.49‰）与其他建筑相比并不明显。

有限元模拟预测的莱茵堡 1 号～3 号楼、7 号楼的建筑变形较其他房屋的建筑变形大，而实测结果反映，车站底板完成时，莱茵堡 1 号楼建筑沉降最大值达到了 38.44mm，角变量达到了 1.40‰；车站中板完成时，莱茵堡 7 号楼建筑沉降最大值达到了 70.94mm，角变量达到了 3.10‰；车站顶板完成时，莱茵堡 2 号和 3 号楼建筑沉降最大值分别达到了 94.24mm 和 70.99mm，角变量分别达到了 2.70‰和 1.60‰。以上 4 幢房屋的建筑变形值均大于相同工况时其余房屋的建筑变形值，这与有限元模拟得出规律是一致的。

虽然双东路别墅区 3 号～5 号楼的有限元模拟结果显示建筑变形并不大，但实测结果显示其建筑沉降最大值分别达到了 70.56mm、96.52mm、90.83mm，角变量分别达到了 2.61‰、3.04‰、4.32‰。这主要是因为在基坑开挖前，这 3 幢房屋东侧进行过管线改迁挖槽工作，而该管线改迁的开挖工作并未对周边房屋进行特殊保护，以至于在地下连续墙施工完成后至车站底板完成时，该 3 幢房屋建筑沉降和角变量的较大增幅

（图 7-44）。对于这些数据异常点，在本书后续各施工环节实测分析中予以剔除。

双东路别墅区 1 号楼和 2 号楼位于车站基坑中部，但建筑变形结果（建筑沉降最大值分别为 34.27mm、39.04mm，角变量分别为 0.80‰、1.45‰）较位于基坑端部的双东路别墅区 3 号楼~5 号楼要小，前者实际沉降约为后者的 1/2，其原因除了有管线改迁挖槽位置与前者距离较远的因素外，还包括该处先行施工起到隔离效果的附属基坑围护墙（SMW 工法桩）。

图 7-44　双东路别墅区房屋发生较大建筑沉降

绘制典型建筑沉降随施工工况变化的时程曲线，如图 7-45 所示。由图可知，周边房屋建筑沉降在车站结构顶板完成时与其后 90d 之间变化不大，建筑沉降速率范围为 0.002~0.037mm/d（均小于 0.04mm/d），可以认为房屋建筑变形在车站结构顶板完成后基本趋于稳定。

1. 地下连续墙施工对建筑变形的影响

图 7-46 和图 7-47 分别表示地下连续墙施工期间建筑沉降和建筑角变量与离车站基坑距离的关系。其中仅统计地下连续墙施工引起房屋发生竖向沉降及朝向地下连续墙的整体倾斜的相关数据。由图 7-46 可知，地下连续墙施工期间引起的

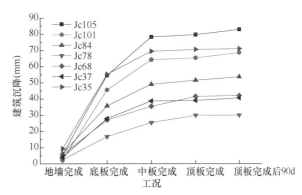

图 7-45　典型建筑沉降时程曲线

最大建筑沉降达到了 9.87mm，均值约 3.91mm，建筑沉降基本呈现随着与车站基坑距离增大而减小的规律，最大建筑沉降点与坑边的距离与约 1 倍软土层底部埋深相当，地下连续墙施工影响区域为距坑边约 1 倍墙深范围内。该阶段引起的建筑沉降与基坑施工全过程引起的建筑沉降之比的均值约 7.82%。由图 7-47 可知，地下连续墙施工期间引起的最大建筑角变量达到了 0.47‰，均值约 0.27‰，该阶段引起的建筑角变量与基坑施工全过程引起的建筑角变量之比的均值约 16.47%，建筑角变量随距离的关系呈现一定的离散性。

由此可见，地下连续墙施工引起的建筑变形量相当可观。地下连续墙施工作为基坑工程的初始环节，其施工期间引起的邻近建筑变形越大，则后续环节中建筑的安全余量越小，应引起重视。

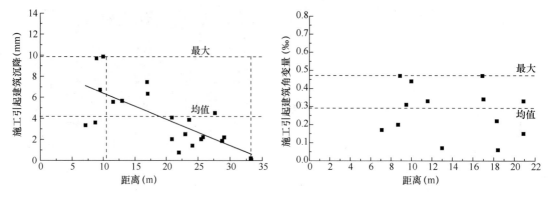

图 7-46　地下连续墙施工期间建筑沉降与
距离的关系

图 7-47　地下连续墙施工期间建筑角变量与
距离的关系

2. 车站基坑开挖施工对建筑变形的影响

通过对邻近建筑的建筑沉降及角变量的观测，可分析车站基坑开挖施工对建筑变形的影响。图 7-48 和图 7-49 分别为地下连续墙施工完成后至车站结构底板完成期间邻近建筑物建筑沉降及建筑角变量与离车站基坑距离的关系。由图 7-48 可知，基坑开挖期间引起的最大建筑沉降达到了 54.86mm，均值约 23.07mm，建筑沉降基本呈现随着与车站基坑距离增大而减小的规律；距坑边约 1.5 倍开挖深度内的建筑沉降基本大于其均值，即基坑开挖施工对该范围内的建筑沉降影响较大，同样可知基坑开挖施工对距坑边 2.5 倍开挖深度外的建筑沉降影响较小。由图 7-49 可知，地下连续墙施工期间引起的最大建筑角变量达到了 1.84‰，均值约 0.99‰，建筑角变量随着与车站基坑距离变化的规律较不明显。

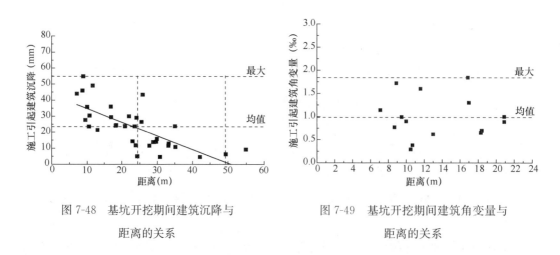

图 7-48　基坑开挖期间建筑沉降与
距离的关系

图 7-49　基坑开挖期间建筑角变量与
距离的关系

图 7-50 给出了该车站基坑在底板完成时不同位置处邻近建筑物建筑沉降与离车站北侧端部距离的关系。由图可知，车站基坑东侧邻近建筑物的建筑沉降呈现出一定的

"空间效应"，即"端部小、中间大"。文献[101]指出车站基坑端部处存在土拱效应的"屏蔽作用"，该作用导致土压力的减小，从而导致围护结构及周边环境变形的减小。近北端头的建筑沉降要大于近南端头的建筑沉降，这主要是由基坑采用由北至南的开挖顺序，先挖段往往暴露时间长，导致变形的时间效应更为显著。但西侧北端的建筑沉降也较大，主要是由于该侧管线改迁施工的影响。此外，西侧中段的建筑变形较小，这是由于该区域先行施工的附属结构基坑围护墙起到了隔离墙的作用，隔离墙不仅能较好的承受土体对墙体产生的摩擦力且能将摩擦力进行纵向扩散，控制了墙体前后土体的竖向变形[24]，从而限制邻近建筑物的建筑沉降。

分别选取有钢支撑轴力伺服系统区域对应的支护结构测斜点（CX4）与无钢支撑轴力伺服系统区域对应的支护结构测斜点（CX19）。在设置钢支撑轴力伺服系统后（2017 年 8 月 13 日）至底板完成期间（2017 年 12 月 20 日）的 CX4 与 CX19 反映的水平位移变形增量分别为 8.26mm 与 55.66mm，后者变形量为前者的 6.74 倍。同样的，分别选取有钢支撑轴力伺服系统区域对应的建筑沉降点（Jc84、Jc85）与

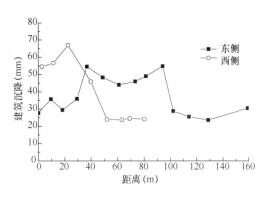

图 7-50 基坑开挖期间建筑沉降与
离端部距离的关系

无钢支撑轴力伺服系统区域对应的建筑沉降点（Jc123）。自设置钢支撑轴力伺服系统后至底板完成期间的 Jc84、Jc85 及 Jc123 反映的建筑沉降变化值分别为 24.27mm、29.54mm 及 28.72mm，而 Jc84、Jc85 对应的房屋基础为浅基础，Jc123 对应的房屋基础为桩基础，即设置钢支撑轴力伺服系统后，浅基础建筑物建筑沉降的增幅接近桩基础建筑物建筑沉降的增幅。图 7-51 为基坑开始开挖至车站结构底板完成期间浅基础建筑物（Jc84）和桩基础建筑物（Jc123）的建筑沉降随施工时间的变化对比曲线。由图可知，建筑沉降随基坑向下开挖而整体增大；在开挖初期建筑沉降变化趋势较为平缓；设置钢支撑轴力伺服系统对应区域的建筑沉降在之后的变化趋势仍较为平滑；无钢支撑轴力伺服系统对应区域的建筑沉降则出现陡变的现象。由此可见，钢支撑轴力伺服系统的设置，不仅能限制支护结构的水平向变形，还能使基坑相应区域的邻近建筑物建筑沉降增

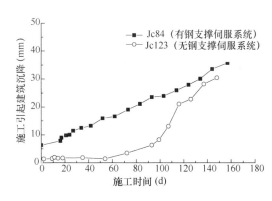

图 7-51 建筑沉降随施工时间变化曲线

幅减小。此外，该陡变现象出现的时间对应的是基坑开挖至坑底，且结构底板尚未完成时的工况，由此可见，尽快浇筑结构底板有利于减小基坑开挖对邻近建筑物变形的影响。

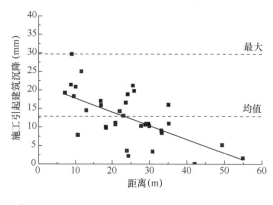

图 7-52 车站结构向上施工期间建筑沉降与
距离的关系

3. 车站结构向上施工对建筑变形的影响

通过对邻近建筑的建筑沉降及角变量的观测，可分析车站结构向上施工对建筑变形的影响。图 7-52 和图 7-53 分别为自车站结构底板完成后车站结构向上施工期间邻近建筑物建筑沉降和建筑角变量与离车站基坑距离的关系。图 7-54 为自车站结构底板完成后车站结构向上施工期间邻近建筑物建筑沉降占基坑施工全过程建筑沉降的百分比与离车站基坑距离的关系。其中仅统计车站结构向上施工引起房屋发生竖向沉降及朝向基坑的整体角变量的相关数据。

由图 7-52 和图 7-53 可知，车站结构回筑施工期间引起的最大建筑沉降达到了 29.71mm，均值约 12.69mm，建筑沉降随着离车站基坑距离增大而减小，建筑沉降较大值基本集中在距坑边 1.5 倍开挖深度范围内，该阶段引起的建筑沉降与基坑施工全过程的建筑沉降之比的均值约为 33.19%；车站结构回筑施工期间引起的最大角变量达到了 0.54‰，均值约 0.31‰，该阶段引起的建筑角变量与基坑施工全过程引起的建筑角变量之比的均值约 20.17%，其数据分布较为离散。由图 7-54 可知，车站结构回筑施工期间建筑沉降百分比随离车站基坑距离增大而增大，这与建筑沉降的变化规律是相反的，

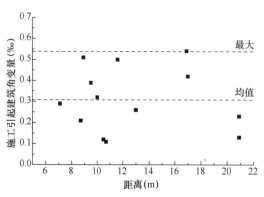

图 7-53 车站结构向上施工期间建筑角变量与
距离的关系

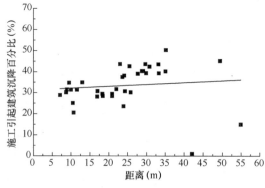

图 7-54 车站结构向上施工期间
建筑沉降占比

说明离车站基坑较近的建筑物建筑沉降在基坑施工前期（地下连续墙施工及基坑开挖）的所受影响较大，在施工后期（车站结构回筑施工）所受影响较小，离基坑较远的建筑物则反之，即车站基坑施工引起建筑沉降具有一定滞后性特点。

可见虽然车站结构底板完成后邻近建筑物建筑变形量已达到一个较大值，但车站结构向上施工期间的房屋建筑变形量同样不容忽视。

4. 车站基坑施工全过程地表沉降与建筑沉降对比分析

为研究车站基坑开挖对周边环境及周边建筑的影响，选取不同建筑基础类型（浅基础和桩基础）的两个典型剖面（双东路别墅区4号楼和莱茵堡门楼），分别绘制浅基础和桩基础对应的基坑周边地表建筑沉降槽，见图7-55和图7-56。

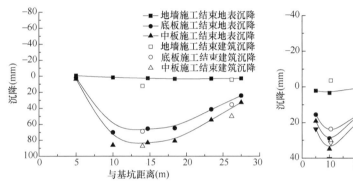

图 7-55　基坑周边地表建筑沉降槽　　　　　图 7-56　基坑周边地表建筑沉降槽
（双东路别墅区4号楼，浅基础）　　　　　　（莱茵堡门楼，桩基础）

由图可知，地下连续墙施工结束后，浅基础房屋建筑竖向变形呈向下沉降，桩基础房屋建筑竖向变形呈向上隆起，地表竖向变形均呈"有隆有沉"的特点，浅基础房屋建筑竖向变形与相邻位置的地表竖向变形相差不大，而桩基础房屋建筑竖向变形则小于相邻位置的地表竖向变形，这主要是因为地下连续墙施工时混凝土灌注对周边土体有挤压作用，从而带动周边土体发生竖向变形，浅基础房屋由于基础埋深浅，对土体竖向变形引起的竖向作用相对敏感，而桩基础建筑由于桩基持力层较深，具有较强的抗竖向变形能力，在一定程度上减少了建筑竖向变形，因此建筑竖向变形要小于地表竖向变形；自基坑开始开挖至车站结构顶板完成期间，房屋建筑竖向变形及地表竖向变形逐渐增大，上述竖向变形变化规律更加明显，即浅基础房屋建筑竖向变形及变化趋势与相邻位置的地表竖向变形较为一致，而桩基础房屋建筑竖向变形的增幅要小于相邻位置的地表竖向变形增幅。可见浅基础建筑可按相邻位置的地表沉降估算其建筑沉降[24]，而桩基础建筑沉降则需考虑对地表沉降进行折减[102]。

7.4.2　原因分析及保护建议

本章第7.4.1节已基于4号线双东路站主体基坑施工阶段邻近建筑物的实测数据，

通过数据分析与对比，分析了建筑变形规律。本节基于以上分析所得规律，对主体基坑施工各阶段对建筑变形的影响原因展开分析，并进一步提出相应保护建议。

7.4.2.1 地下连续墙施工对建筑变形影响原因分析及保护建议

地下连续墙施工引起的房屋建筑变形量相当可观，不容忽视。这是因为地下连续墙成槽施工会破坏原有土体的应力平衡状态，为达到新的平衡，在护壁泥浆压力和土压力的共同作用下，导致槽壁后土体变形，并进一步造成邻近房屋不同程度的沉降和倾斜；而地下连续墙混凝土灌注又对周边土体有挤压作用，影响较大时会对邻近建筑物产生一定的向上托力，且这种上托作用越靠近地下连续墙越明显，即房屋发生竖向隆起及背离地下连续墙的整体角变量。

建议实际施工中采取下列措施减少地下连续墙施工的影响：①根据现场试验合理确定泥浆比重及水泥品种，在保证槽壁稳定的同时，减小应力不平衡导致的槽壁变形；②槽壁加固深度宜穿透软土层，利用槽壁加固体限制泥浆护壁阶段软土向槽内的变形及混凝土浇筑阶段混凝土向软土层的挤压和冲击；③减小泥浆静置时间，尽早浇筑混凝土，减小由于软土蠕变引起的槽壁变形；④采用间隔成槽的施工顺序以减小多幅地下连续墙连续施工的叠加影响。

7.4.2.2 基坑开挖施工对建筑变形影响原因分析及保护建议

基坑开挖实质就是基坑开挖面上的卸荷过程，由于卸荷而引起坑底土体产生以向上为主的位移，同时也导致围护桩（墙）在两侧压力差的作用下产生水平向位移并进一步引发墙外侧土体的位移。可以认为，坑底的土体隆起和围护墙的位移是引起基坑周围地层移动的主要原因，而基坑周围地层移动又是引起基坑周边房屋变形的直接原因。

实际施工中建议及时完成支撑和垫层施工、改进地下连续墙接头及施工工艺、采用钢支撑轴力伺服系统、道路改造线路采用架空车道板等措施。

7.4.2.3 车站结构向上施工对建筑变形影响原因分析及保护建议

车站（盾构井）主体结构回筑施工引起的房屋建筑变形量同样相当可观，不容忽视。这是由于主体结构回筑施工过程中，车站基坑拆除支撑、进行换撑时扰动周边土体，使其发生新的固结变形；基坑周边土压力的受力对象由钢支撑转变为车站（盾构井）主体，由于两个受力对象刚度不同，在一定程度上引起基坑周边土体发生变形。此外，由于基坑周边土体变形的滞后性，离车站（盾构井）基坑较近的建筑物建筑沉降在结构回筑施工期间所受的影响较小，离基坑较远的建筑物则反之。

建议实际施工中采取下列措施减少车站结构回筑施工的影响：①尽快完成主体结构中板、顶板施工，形成整体刚度大的结构体系；②采取可靠换撑措施以控制拆撑变形；③采取合理的支撑拆除方式，可减小支撑拆除对周边环境的影响。

7.4.2.4   其他因素对建筑变形影响原因分析及保护建议

除基坑施工常规阶段对基坑周边房屋建筑变形有影响外，其他外部因素同样会对建筑变形造成影响。

由本书所依托三个基坑工程实践可知：①基坑周边重型车辆行走导致的基坑周边超载及振动是建筑产生变形的一大外部因素。②地下连续墙施工前需对浅层土体进行换填，这种换填作业会对周边房屋（特别是浅基础建筑）的建筑变形造成一定影响。③管道改迁带来的挖槽施工，如果没有对周边房屋进行特殊保护，同样会对周边房屋建筑变形带来较大影响。

建议实际施工中采取下列措施减小这些外部因素的影响：①在重车频繁行走区域设置架空车道板及板下桩，将重车超载通过车道板及桩传递至承载力较高的深层持力层，以减小对周边房屋的影响；②对浅层土体进行换填或挖槽前应打设钢板桩、松木桩等，对换填或挖槽区域进行临时围护；③在基坑与被保护对象之间设置隔离桩（墙），隔离桩（墙）不仅能较好的承受土体对墙体产生的摩擦力且能将摩擦力进行纵向扩散，控制了墙体前后土体的竖向变形，从而限制周边房屋的建筑变形。

8 和丰创意广场小洋房保护实例

8.1 工程概况

宁波和丰创意广场工程位于宁波市江东区江东北路和民安路交叉口的西北角，甬江东岸，分北侧地块、南侧地块两部分，两个地块分别独立设置二层地下室。南区地下室基坑中部存在省级保护文物——小洋房，在基坑开挖过程中，小洋房将原位保留。

8.1.1 和丰创意广场地下室基坑工程概况

宁波和丰创意广场地下室基坑分南、北两个地块，分别独立设置二层地下室，基坑总开挖面积为 59500m²，支护结构总延长米约 1460m，基坑周圈开挖深度为 10.2～12.0m。±0.000标高相当于黄海高程 3.450m，基坑周边自然地坪绝对标高为 3.150m。

南区基坑总开挖面积为 31000m² 左右，支护结构总延长米约 750m。南区地下室基坑中部存在省级保护文物——小洋房，在基坑开挖过程中，小洋房将原位保留。和丰创意广场基坑与古建筑关系见图 8-1。

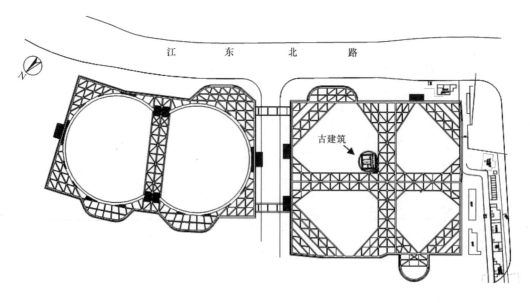

图 8-1 宁波和丰创意广场基坑与古建筑关系图

8.1.1.1　地下室特点

（1）地下室开挖面积较大，基坑总开挖面积将近 60000m²，开挖深度较深，基坑四周挖深达 10.2～12.0m。

（2）地下室平面形状不规则，存在较多阳角，不利于支撑体系的布置，对支护结构受力不利。

（3）施工分南北两个标段进行，支护结构设计应充分考虑两个标段的施工需求。

（4）南区基坑中部省级保护文物——小洋房在基坑施工过程中将原位保留，须考虑可靠的围护措施确保小洋房的安全，控制其变形在允许范围内。

（5）汽车坡道设置相对独立，后期换撑、拆撑问题是个难题。

（6）工程桩均为钻孔灌注桩，对基坑开挖较为有利。

8.1.1.2　周边环境特点

（1）工程场地东侧为江东北路，距离地下室侧壁仅 9m，场地东南角位置为设计之门，设计之门为三层钢结构建筑，距离地下室侧壁仅为 9.5m。

（2）工程场地南侧的 7815 工厂角落距离地下室侧壁最近处仅为 9m，7815 工厂角落与基坑之间是通往体验区的道路，支护结构设计必须确保该道路的正常使用；体验区办公房距离地下室侧壁仅为 10m。

（3）西侧和北侧场地空旷，基坑距离西侧的甬江大于 150m，距离北侧的庆丰桥大于 70m。

（4）南区基坑中部存在需要重点保护的省级文物——小洋房（两层浅基础），基坑施工过程中小洋房将原位保留。

（5）江东北路由近到远分布有电信、煤气、燃气、电力、有线、污水和雨水管等管线；7815 工厂一侧有一条架空的蒸汽管道。

8.1.1.3　古建筑概况

古建筑为民国时期建筑，已有 100 年历史的小洋房，平面呈矩形，尺寸为 14.8m×12.5m，长宽比为 1:1.18，地上为两层，单层建筑面积为 185m²，无地下室。小洋房为浅基础，二层砖木混合结构，坡屋顶。古建筑的建筑平面图及施工前的现场照片见图 8-2～图 8-4。

基坑施工前，从建筑物的外观上来看，古建筑自身已有多处开裂（图 8-5），内饰也有部分破坏（图 8-6）。并且古建筑整体刚度明显不足，主要表现在以下几个方面：①古建筑的底层与二层墙体上均没有设置贯通圈梁；②二层内墙为轻质隔墙，不能和外墙形成整体受力体系；③屋盖系统与承重墙未可靠连接；④门洞、窗洞较多，应力集中点多。

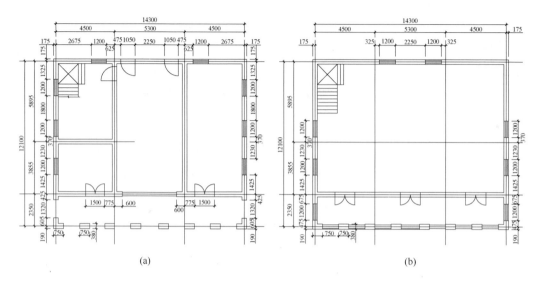

(a)   (b)

图 8-2　古建筑平面布置图

（a）一层平面图；（b）二层平面图

图 8-3　古建筑保护现状

图 8-4　施工前古建筑和门前树木

图 8-5　古建筑墙上裂缝

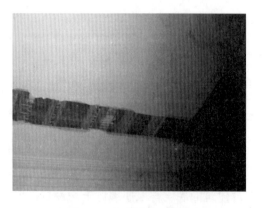

图 8-6　古建筑墙面剥落

8.1.1.4　工程地质特点

（1）Z 层杂填土结构松散，由碎石、碎砖瓦等建筑垃圾混少量黏性土组成，场地西侧部分区域杂填土厚度达到 10m，水位受甬江潮水影响较大。

（2）对基坑围护影响较大的 2a 层淤泥质黏土、2b 层淤泥质粉质黏土、2b-1 层淤泥质黏土物理力学性质较差，层厚相加达到 12m 左右，坑底基本 2b 和 2b-1 层土当中。

（3）3′层含黏性土粉砂为承压水层，渗透系数为 3.79×10^{-3} cm/s，实测得稳定水位黄海高程为 0.50m，大大高于地下室底板标高，基坑开挖时可能会发生流砂或突涌等现象。

（4）5b 层黏土土性较好，埋深 20m 左右，支护桩进入这两层土可有效减少踢脚现象的发生。工程地质条件简表，见表 8-1。

表 8-1　工程地质条件简表

	土层名称	平均厚度（m）	γ(kN/m³)	c(kPa)	φ(°)	w(%)
Z	杂填土	1.67	18.0	5.0	15.0	—
1	黏土	0.95	18.5	27.2	11.6	36.4
2a	淤泥质黏土	1.75	17.3	13.9	7.3	49.2
2b	黏土	0.92	18.0	20.5	8.8	40.2
2c	淤泥质黏土	11.62	17.1	14.3	7.1	50.7
3	粉质黏土夹粉砂	2.81	19.2	14.1	13.9	30.2
4	黏土	1.98	17.6	18.9	8.7	46.0
5b	黏土	8.20	19.2	44.2	19.5	29.9

8.1.2　总体工程特性及技术难题

本工程具有如下特点：

（1）地下室开挖面积较大，开挖深度较深，且地下室形状不规则，阳角较多，对支护结构受力不利。

（2）汽车坡道设置相对独立，后期换撑、拆撑问题存在困难。

（3）基坑周边和基坑内环境比较复杂，变形控制的要求很高。南区基坑中部存在需要重点保护的省级文物——小洋房（两层浅基础）；此外，基坑周边还紧邻需重点保护的江东北路、设计之门（三层钢结构建筑）、7815 工厂角落、体验区办公房、江东北路上的燃气管线以及 7815 工厂的蒸汽管线。

（4）工程地质条件复杂。基坑开挖范围内淤泥质黏土厚度达到 12m 左右，作用在基坑支护结构上的水土压力大，控制变形难度大；基坑底附近存在含黏性土粉砂层，该层土内含承压水，易引起突涌、流砂等地质灾害；场地西侧部分区域杂填土厚度达到10m，水位受甬江潮水影响较大，须做好充分的止水措施。

（5）本工程分为南北两个标段施工，且南侧和东南角场地较紧张，支护结构设计时应充分考虑施工因素，合理规划现有场地，确保南北两个基坑挖土和地下室施工顺利进行。

由以上几个特点带来了下列几个技术难题需要在设计中克服：

（1）南区基坑中部存在省级保护文物——小洋房，在基坑施工过程中需重点保护。小洋房为民国时期的一座两层砖木结构建筑，采用浅基础形式，坡屋顶，在历史和建筑艺术上具有重要文物保护价值和意义。历经沧桑和时代的变迁，小洋房在基坑开挖前因保护现状不理想，自身结构已经多处开裂，且该建筑整体刚度明显不足；因此，基坑施工过程中，对小洋房保护难度极高。

（2）地下室汽车坡道设置相对独立，无法通过地下室底板与支护桩之间设置换撑带或地下室楼板与支护桩之间须设置换撑梁的方法来进行换撑。

（3）北区基坑体量很大，且工期很紧张，若采用常规对撑＋角撑体系，支撑覆盖面积较大，出土效率较低。

（4）基坑边线极不规则，存在较多阳角，支护结构体系受力复杂，常规的单元计算结果不能全面的反映出整个支护结构体系的受力和变形情况。

8.2 保护方案设计

8.2.1 基坑支护形式

北区及南区基坑支护结构采用排桩＋两道钢筋混凝土水平内支撑的形式。

1. 竖向支护体系

围梁、支撑采用下挂的形式。冠梁面设置在自然地坪以下 1.2m，一道围梁及支撑面标高降到自然地坪以下 2.2m 处，二道围梁及支撑面降到自然地坪以下 6.7m 处。这样做既改善了桩身内力分布，减少了桩身变形，也给挖土施工作业提供了足够的空间。

2. 平面支护体系

北区基坑创造性地采用了对撑＋双圆环内支撑，两个圆环直径达到 120m。较于常规对撑＋角撑体系有明显优势，一方面对撑＋双圆环体系具有较强的整体性，使得内力分布较均匀，有利于对支护结构变形的控制；另一方面减少了支撑覆盖面积，节约了成本费用，方便土方开挖，提高了出土效率。

南区基坑采用十字对撑＋角撑的支护体系，在支撑布置过程中，尽可能地减少支撑覆盖面积，方便土方开挖；同时将十字对撑交叉位置设置在小洋房孤岛附近，以便孤岛围护与外围基坑支护体系联系成一整体，一定程度上减少了孤岛的整体位移。

3. 支护桩

支护桩采用 $\phi750 \sim \phi850$ 的钻孔灌注桩，支护桩均穿越淤泥质土进入土性相对较好的黏土层，以防止踢脚，减少变形；在保证安全的前提下，适当地拉大桩净间距至200mm，以减少钻孔灌注桩数量，节省造价。

4. 尽可能利用工程桩作为立柱

根据主体结构的基础图纸，经过与结构设计单位沟通，对部分承台进行转向处理，尽可能利用工程桩作为立柱，从而降低造价。

5. 止水帷幕与降水体系

靠近江东北路和体验区一侧设置密排的 $\phi650@500$ 三轴水泥搅拌桩止水帷幕，止水帷幕桩端截断 $3'$ 层含黏性土粉砂，以切断承压水层的内外水力联系；西侧局部杂填土较厚区域也设置密排 $\phi650@500$ 三轴水泥搅拌桩止水帷幕，以切断与甬江的水力联系。

除江东北路和体验区一侧，其余区域基坑周边每隔30m设置一口降水井，基坑内也每隔30m左右设置一口降水井，在基坑开挖到坑底附近时，对 $3'$ 层含黏性土粉砂进行降压疏干，以防止发生坑底突涌及流砂等事故。

6. 坡道换撑处理

地下室汽车坡道设置相对独立，无法通过地下室底板与支护桩之间设置换撑带或地下室楼板与支护桩之间须设置换撑梁的方法来进行换撑。

在汽车坡道位置底板换撑时，采用300厚C20钢筋混凝土垫层兼作换撑带，钢筋混凝土垫层要求开挖到基础底标高后12h内浇筑完毕。在汽车坡道位置B1楼板换撑时，采取在第二道围梁上方施工两道锚杆来实现换撑。基坑施工全景图，如图8-7所示。

图 8-7　基坑施工全景图

8.2.2 古建筑周围支护结构形式

小洋房保护措施最初有"原地保留"及"平移"两种方案。若采用"平移"的方案，则须对小洋房自身结构进行加固（如在所有墙体下部设置圈梁等），将对小洋房的外观造成较大的改变，小洋房原有的艺术价值也将大打折扣。鉴于小洋房保存的现状，采取了"原地保留"的方案。

由于小洋房位于基坑中部且保护难度高，且基坑开挖深度较深，现有的建筑物原位保护技术无法达到保护要求。因此，创造性的采用环箍支护形式的建筑物原位保护技术，即在基坑开挖过程中，将小洋房下方土体保留为一椭圆柱形孤岛，在孤岛周围设置挡墙＋多道环箍的支护形式，对包含古建筑及门前树木的孤岛采取 SMW 工法桩＋多道圈梁＋坑底高喷加固的支护方式。

挡墙采用了同时具有控制土体位移及水土流失功能的 SMW 工法桩，环箍结构为钢筋混凝土扁梁。在基坑开挖过程中，均匀对称开挖孤岛周围土方，根据土方开挖工况，由上至下在椭圆柱形孤岛周圈层层设置环箍体系，以加强孤岛周圈挡墙的整体性，约束挡墙的变形。待土方开挖完毕，优先完成该侧地下结构，并尽快完成该侧地下室回填。孤岛区域支护结构剖面图见图 8-8。

为防止古建筑由于挖土不均匀引起整体侧移，在孤岛冠梁和第三道扁梁位置设置连系梁与外围基坑支护结构相连，将环箍支护结构与周圈基坑支护结构形成整体，共同受

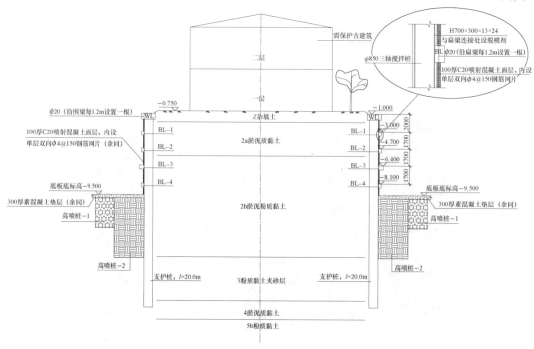

图 8-8 古建筑周围支护结构剖面图

力，详见图 8-9。古建筑周围支护结构效果图，见图 8-10；古建筑周围支护结构现场照片，见图 8-11。

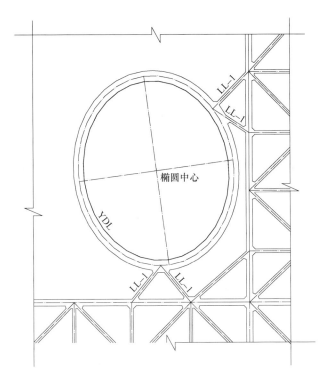

图 8-9 古建筑围梁与基坑支护相连示意图

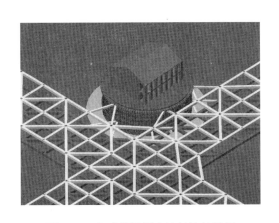

图 8-10 古建筑周围支护结构效果图

图 8-11 古建筑周围支护结构现场照片

8.2.3 其他保护措施

由于基坑开挖深度较深，浅基础形式古建筑自身荷载对其下方土体影响较大，且孤岛区域土体为有限土体，这些因素都将对古建筑的保护十分不利。为了控制围护和古建筑的变形，确保古建筑的安全，在支护结构的设计和施工中，提出了以下几方面措施：

（1）在基坑开挖前，对古建筑四侧墙体采用钢构方式做刚度增强处理，尽可能减少基坑开挖引起古建筑墙体的开裂。

（2）增加圈梁的受拉钢筋数量。

（3）在孤岛周圈挡墙外侧坑底被动区设置高压旋喷桩进行加固，有效地减少了支护结构变形和坑底隆起引起的既有建筑物沉降。

（4）设计考虑采用 SMW 工法桩以防止桩缝处产生水土流失，但基坑开挖仍不可避免会引起古建筑区域地下水位的下降。水位下降一方面会引起古建筑的沉降，另一方面也可能导致树木失水死亡，因此在基坑开挖期间定时对树木进行浇水作业。

（5）SMW 工法桩中的 H 型钢需等基坑回填结束后方能拔除，拔桩时对于 H 型钢拔出后形成的空隙应采用水泥与粉煤灰混合浆液进行跟踪灌浆。

8.3 工程实测结果

采用平面应变有限元法，借助 PLAXIS 有限元计算程序，对基坑开挖各施工工况进行模拟，以分析围护结构与土体在各个工况下的变形情况。

根据基坑顺作开挖的步骤进行基坑开挖数值模拟，得到基坑开挖对孤岛土体位移的影响。图 8-12 为开挖到基坑底部时孤岛区域整体网格变形图，图 8-13 和图 8-14 分别为设第二道圈梁和开挖到基坑底部时孤岛区域土体总体变形云图。

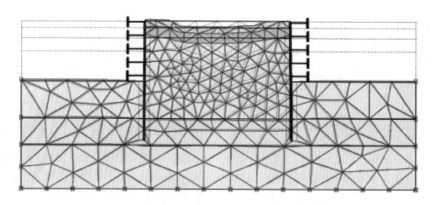

图 8-12　基坑挖至坑底时孤岛区域网格变形

数值分析预估结果表明，设置第二道圈梁时，孤岛区域土体最大水平位移约为 3mm，最大竖向沉降约为 43mm；挖至坑底时，孤岛区域土体最大水平位移约为 7mm，最大竖向沉降约为 86mm。基坑开挖对孤岛区域的古建筑影响较小。

在基坑开挖全过程中，采用信息化施工，对古建筑进行了全方位的跟踪监测。监测内容包括孤岛区域深层土体位移监测、支护结构水平位移监测、水位监测以及古建筑的沉降和倾斜监测等。监测结果表明，古建筑最大竖向沉降为 90mm，沉降均匀；孤岛区

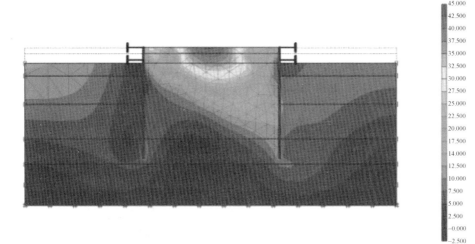

图 8-13　基坑设第二道圈梁时孤岛区域土体总位移/mm

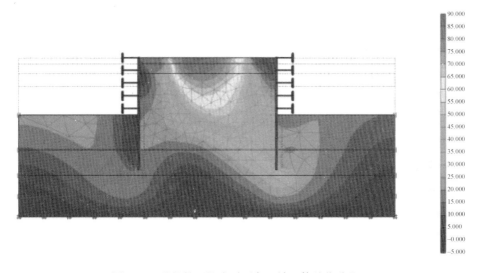

图 8-14　基坑挖至坑底时孤岛区域土体总位移/mm

域土体水平位移为 8mm，整体侧向变形在 10mm 以内，古建筑主体结构未发生较大开裂，保护情况良好。开挖至坑底时的数值模拟计算结果和实测结果对比见表 8-2。由表 8-2 可见有限元预估的孤岛区域土体的水平位移和古建筑的沉降和工程实测接近，由此验证了本书数值分析的合理性。

表 8-2　基坑施工引起孤岛区域变形的有限元分析及实测结果

	孤岛区域土体或古建筑最大水平位移 （mm）	孤岛区域土体或古建筑最大沉降 （mm）
有限元计算值	7	86
监测数据	8	90

8.4 工程经济、环境、社会效益

（1）监测结果表明，古建筑竖向沉降为90m，且为均匀沉降，差异沉降和倾斜度很小；古建筑整体水平位移为8mm，古建筑主体结构未发生较大开裂，未发生功能性或结构性损坏，保护情况良好。古建筑现状，见图8-15。

图 8-15　古建筑现状

省级保护文物——小洋房具有很高的历史文化价值和社会价值，对其进行原位保护是本工程的一个关键性技术难题。通过采取环箍支撑形式的建筑物原位保护技术，具有很好的保护效果，小洋房沉降和变形值控制在允许范围内，对本工程建设和环境的协调可持续发展具有显著贡献，环境效益和社会效益十分显著，值得在今后类似工程中推广使用。

（2）为解决汽车坡道位置无法通过底板换撑带和B1楼板换撑的难题，分别创造性地采取了钢筋混凝土垫层换撑和锚杆换撑的措施，其中锚杆采用了具有极高抗拔力和可拆卸功能的浆囊袋注浆锚杆。监测数据证明，基坑支护结构和周边环境的变形在换撑阶段控制效果良好，具有很好的环境效益。

（3）北区基坑支撑体系采用对撑＋双圆环支撑，比常规对撑＋角撑体系节约支撑和立柱费用近400万元；由于对撑＋双圆环支撑覆盖面积小，土方开挖较为便利，缩短了至少两个月工期，节约挖土成本300万元，经济效益显著。

（4）为类似既有建筑物原位保护的基坑支护设计提供一种安全、合理、经济的解决方案，具有较强的工程示范作用。本工程作为第三届浙江省岩土力学与工程学术大会及浙江省土力学学委会2014年学术报告会交流示范项目，社会效益显著。

9 和义路项目文保建筑保护实例

9.1 工程概况

宁波和义大道滨江休闲项目由三个地下室组成，分别为1号地块一期（万豪大酒店）地下室、1号地块二期地下室及2号地块地下室，三个地下室分阶段施工。地下室为二～三层，基坑总开挖面积为60600m²，基坑周围开挖深度为10.6～14.2m。

9.1.1 基坑工程概况

9.1.1.1 宁波和义大道滨江休闲项目1号地块一期地下室基坑工程概况

宁波市海城投资开发有限公司投资兴建的万豪大酒店大厦位于宁波市海曙区和义路以东，解放桥以南，东临姚江。本工程总用地面积约38700m²，建筑面积85819m²，其中地下室为2层，地下室建筑面积为24306m²，基坑开挖面积为14100m²左右，支护结构延长米约600m。

1. 地下室特点

（1）基坑开挖面积较大，地下室开挖面积达到14100m²。

（2）基坑开挖深度较深，基坑四周挖深达10.8m；属于Ⅰ级基坑，$\gamma=1.1$。

（3）基坑形状是不规则的多个矩形的组合。

（4）基坑地处闹市区，周边场地狭小，建筑物众多，且分布有大量管线。

（5）主楼坑中坑位于基坑中部，对基坑围护结构安全性影响不大。

（6）工程桩为钻孔灌注桩，对基坑开挖较为有利。

万豪大酒店基坑施工现场图片见图9-1。

2. 周边环境特点

（1）基坑东侧为姚江，地下室侧壁距离姚江边最近约13m，围护结构距离江边距离约10.5m，目前姚江水位较高，离自然地坪约1.5m，勘察工作显示局部地段潜水位与姚江有水力联系，需设置止水帷幕，以保证基坑的顺利开挖。

（2）基坑南侧有一幢4层保留建筑，基础形式为浅基础，围护结构距离保留建筑的边线最近约4m，基坑开挖应对其进行保护。另一幢保留建筑距离基坑南侧约15m，在

图 9-1　万豪大酒店基坑施工现场照片

安全影响范围之内。

（3）基坑西侧为和义路，可作为本工程施工唯一出土通道，将来主要的施工车辆都在该侧行走。围护结构距离和义路最近约 2m，且车流量大。

（4）基坑北侧为解放桥，围护结构距桥边线最近约 3m。该侧车流量大，且处在桥头位置，动荷载作用频繁。

3. 周边管线情况

基坑西侧：由近到远分别布有电力、雨水管和污水管等管线。

基坑北侧：由近到远分别布有电力、有线电视、污水管和雨水管等管线。

从总体上来看，基坑西侧和北侧管线众多，需要严格控制施工期间引起周边道路的沉降及土体位移。

4. 工程地质特点

（1）Z 层杂填土结构松散，由碎石、碎砖瓦等建筑垃圾混少量黏性土组成，局部层厚达 6～7m，该层富水性和透水性相对较好，必须采取有效的止水措施。

（2）本基坑坑底以下 2m 左右分布有含黏性土粉砂层，该层粉砂含量较高，渗透性较好，渗透系数在 $10^{-3}\sim10^{-4}$cm/s，在基坑开挖到一定深度之前，应对该层地下水采取坑内降压（疏干）措施，以防发生坑底突涌和流砂等不良地质作用。

（3）东侧临近姚江，勘察工作显示局部地段潜水位与姚江有水力联系，需设置止水帷幕。

9.1.1.2 宁波和义大道滨江休闲项目1号地块二期工程地下室基坑工程概况

宁波市海城投资开发有限公司投资兴建的宁波和义大道滨江休闲项目1号地块二期工程地下室位于宁波市海曙区和义路以东，解放桥以南，东临姚江。本工程地下室为两层（局部三层），基坑开挖面积8000m²左右，支护结构延长米约550m。

1. 地下室特点

（1）基坑开挖面积较大，地下室开挖面积达到8000m²。

（2）基坑开挖深度较深，基坑四周挖深达11.2m；属于Ⅰ级基坑，$\gamma=1.1$。

（3）基坑形状很不规则。

（4）基坑地处闹市区，周边场地狭小，建筑物众多，且分布有大量管线。

（5）工程桩为钻孔灌注桩，对基坑开挖较为有利。

1号地块二期工程基坑施工现场图片见图9-2。

图9-2 1号地块二期工程基坑施工现场照片

2. 周边环境特点

（1）基坑东侧：目前姚江水位较高，离自然地坪约1.5m，勘察报告揭示该侧杂填土厚度达到5m以上，需设置止水帷幕，以保证基坑的顺利开挖。

（2）基坑南侧：施工期间土方将由鱼浦巷运至和义路，重车行走频繁，需考虑对支护结构进行加强。

（3）基坑西侧：主要的施工车辆都将途经和义路行走，重车行走频繁，需考虑对支护结构进行加强。

（4）基坑北侧：两幢保留历史建筑（甬江女子中学）为3～4层浅基础房子且距离基坑很近，对两幢历史建筑的保护是本基坑支护设计工作的重点。

3．周边管线情况

基坑西侧（和义路）：由近到远分别布有电力、雨水管和污水管等管线。

从总体上来看，基坑西侧和义路管线众多，需要严格控制施工期间引起周边道路的沉降及土体位移。

4．工程地质特点

（1）Z层杂填土结构松散，由碎石、碎砖瓦等建筑垃圾混少量黏性土组成，局部层厚达5.3m，该层富水性和透水性相对较好，必须采取有效的止水措施。

（2）对一期工程影响较大的3b含黏性土粉砂层在本场地内基本上缺失。

（3）4层黏土土性虽不及5b层，但已满足作为支护桩桩端嵌固层的要求。

（4）东侧临近姚江，该侧杂填土较厚，与姚江有水力联系，需设置止水帷幕。

9.1.1.3 宁波和义大道滨江休闲项目工程2号地块地下室基坑工程概况

宁波市海城投资开发有限公司投资兴建的宁波和义大道滨江休闲项目工程2号地块工程地下室位于宁波市海曙区，其东南侧为钱业会馆，西南侧为和义路，西北侧为宁波市电信大楼，东北侧为余姚江。本工程地下室为两层（局部三层），基坑开挖面积38500m² 左右，支护结构延长米约1060m。

1．地下室特点

（1）基坑开挖面积很大，基坑总开挖面积达到38500m²。

（2）基坑开挖深度较深，两层地下室区域开挖深度达到10.6m，三层地下室开挖深度达到12.6～13.5m；属于Ⅰ级基坑，$\gamma=1.1$。

（3）基坑形状很不规则，呈菜刀状，不利于支撑体系的布置。

（4）基坑地处闹市区，周边场地狭小，建筑物众多，且分布有大量管线。

（5）基坑四周可供围护使用场地十分有限，地下室施工期间有大量的施工车辆在基坑边行走。

（6）两层地下室和三层地下室之间距离需要考虑支撑拆除的先后顺序，以及不平衡问题。

2号地块工程基坑施工现场照片见图9-3。

2．周边环境特点

（1）基坑东南侧距离钱业会馆仅5m左右，钱业会馆为两层浅基础建筑，对钱业会馆的保护是本基坑支护设计工作的重点。

（2）基坑西南侧距离和义路最近约5m，和义路上管线众多，车流量密集，对和义路的保护是本基坑支护设计工作的另一个重点。

图 9-3　2 号地块工程基坑施工现场照片

（3）基坑西北侧距离中山变电所房子最近约 5m，变电所为一层和两层浅基础建筑，需考虑对支护结构进行加强，以减少基坑开挖对变电所房子造成的影响。

（4）基坑东北侧距离余姚江最近约 10m，余姚江水位较高，且该侧杂填土较厚（最厚达 6m），该侧需考虑设置可靠的止水帷幕，以确保基坑的安全。

3. 周边管线情况

基坑西南侧（和义路）：由近到远分别布有电力、雨水管和污水管等管线。

本基坑设计时应重点考虑对和义路及地下管线进行保护，施工期间更需要严格控制周边道路的沉降及土体位移。

4. 工程地质特点

（1）场地内土层分布总体比较均匀，地质起伏比较平缓，各区之间土质差异不大。

（2）对基坑围护影响较大的 2c、3a 层淤泥质黏土物理力学性质较差，层厚相加达到 10m 左右，坑底基本位于这两层土当中。

（3）4、5b 层黏土土性较好，埋深 21m 左右，支护桩进入这两层土可有效减少踢脚现象的发生。

（4）3b 层含黏性土粉砂为微承压含水层，水头差在 13m 左右，渗透系数达到 6.23×10^{-4} cm/s，该层土局部缺失。在基坑开挖到一定深度之前，应对该层地下水采取坑内降压（疏干）措施，以防发生坑底突涌和流砂等不良地质作用。

（5）东北侧临近余姚江，该侧杂填土较厚，与姚江有水力联系，需设置可靠的止水帷幕。

9.1.2 总体工程特性及技术难题

本工程三个地下室相互邻近，且分阶段施工，具有以下几个共同特点：

（1）地下室开挖面积较大，开挖深度较深，且地下室形状不规则，阳角较多，对支护结构受力不利。

（2）周边环境极为复杂，变形控制的要求很高。基坑周边紧邻需重要保护的建（构）筑物，包括国家级保护文物——钱业会馆（两层浅基础）、省级保护文物——甬江女子中学（三、四层浅基础）、国家电网设施——中山变电站（110kV）、解放桥、和义大道及路边大量重要管线等。

（3）工程地质条件复杂。场地东侧临近余姚江，该侧杂填土较厚，与余姚江有水力联系；基坑开挖范围内淤泥质黏土厚度达到 10m 左右，作用在基坑支护结构上的水土压力大，控制变形难度大；基坑底附近存在含黏性土粉砂层，该层土内含承压水，易引起突涌、流土等地质灾害。

（4）基坑处在闹市区，周边场地狭小，基坑四周可供围护使用场地十分有限。

由以上几个特点带来了下列几个技术难题需要在设计中克服：

（1）基坑东侧存在国家级保护文物——钱业会馆，在基坑施工过程中需重点保护。钱业会馆结构为浅基础两层砖木结构，毗邻基坑延长米约 80m，距离基坑边仅 6m，且该区域基坑为三层地下室，开挖深度达到 14.2m，钱业会馆位于基坑开挖影响范围之内。因此，对钱业会馆变形的控制难度极高。

（2）省级保护文物——甬江女子中学教学楼和国家电网设施——中山变电站三面紧邻基坑，位于有限土体范围内，在基坑施工过程中要对其进行重点保护。对有限土体本身的变形控制难度很大，况且位于有限土范围内的甬江女子中学教学楼和中山变电站为浅基础形式的砖混结构建筑，对这两幢建筑物变形的控制更是不易。

（3）基坑东侧靠近余姚江，河床深为 3～5m，基坑西侧外即为和义大道，为市中心主干道，道路上来往车流密集，同时也作为本工程材料和土方运输通道，路面荷载较大，基坑东西两侧水土压力不平衡，若控制不好，会导致基坑整体向东移动；基坑两层和三层地下室开挖深度差为 3m，基坑的南北两侧也存在土压力不平衡现象，且两层和三层地下室的支撑面标高不同，支撑体系不封闭，将会导致支护结构产生较大位移。

（4）本基坑边线极不规则，存在较多阳角，支护结构体系受力复杂，常规的单元计算结果不能全面的反映整个支护结构体系的受力和变形情况。

（5）为了控制基坑支护结构及周边建（构）筑物的变形，根据时空效应原理，需要加快基坑开挖速度，减少土方暴露时间。基坑开挖深度较深，基坑形状很不规则，支撑体系复杂，二道支撑以下土方开挖难度较大。

9.2 保护方案设计

为解决以上几点关键性技术难题，采取了自主开发且具有公认独创性的技术措施。其中包括：

（1）为了控制钱业会馆、甬江女子中学教学楼和中山变电站的变形，主要采用了浙江华展工程研究设计院有限公司（以下简称"华展院"）独创的跟踪水平注浆技术、钢构方式增强建筑物自身刚度、增大支护结构刚度、土体加固、分区分块开挖、垫层加固等变形控制措施；

（2）为了减小基坑东西侧土压力不平衡，在基坑东侧二道支撑区域设置由华展院自主研发的浆囊袋注浆锚杆，为了减小基坑南北侧的土压力不平衡，在两、三道圈梁、支撑交接区域设置华展院独创的800厚转换剪力墙；

（3）首次采用了由华展院和中国建筑科学研究院共同研发的宁波市深基坑支护设计软件，准确地模拟了本工程复杂支护体系的真三维受力和变形情况；

（4）首次采用三维有限元分析软件MIDAS-GTS，可较准确地预测本基坑支护施工阶段引起的土体位移场变化及周边古建筑、中山变电站、和义大道等建（构）筑物的变形；

（5）支护结构可满足运土车辆在一道支撑和二道支撑间通行，为二道支撑下土体的开挖提供了极大的方便，极大地减少了土方开挖时间。

9.2.1 控制钱业会馆的变形保护措施

（1）在基坑开挖前，对钱业会馆靠近基坑侧墙体采用钢构方式做刚度增强处理，同时对钱业会馆的结构薄弱和应力集中位置进行加固，见图9-4。

（2）增大该区支护桩和支撑体系的刚度，见图9-5。

（3）采取华展院独创的跟踪水平注浆的方式来控制地面沉降，即在支护桩上埋设水平注浆管，根据基坑监测情况进行跟踪水平注浆。传统意义上的注浆技术都为竖向注浆，而控制地面沉降时，注浆范围较大，若采用竖向注浆，注浆孔的排数会增加很多，将不利于地面沉降的及时控制和工程造价控制。本工程采用的跟踪水平注浆的施工方法，一方面可补偿主动区地层损失，并会使注浆孔上部土体有一定的上抬，进而减小地面沉降量；另一方面，在水平注浆时，会有面向主动区土体的注浆压力，在一定程度上相当于加筋土的作用。跟踪水平注浆方法能及时、有效地控制地面沉降，并有一定的经

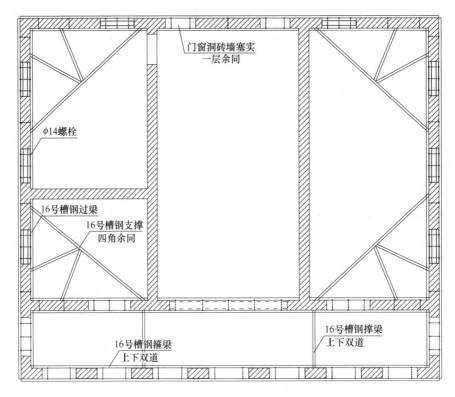

图 9-4 结构薄弱及应力集中位置加固处理

济性，在国内基坑工程界属于首创。

（4）在基坑周边增设一密排高压旋喷桩，控制基坑周边水土流失；在基坑周边主动区和坑内被动区土体设置高压旋喷桩进行土体加固，进一步控制桩土变形，从而减小对钱业会馆的影响。

（5）利用时空效应原理，采取分区分块的挖土方式，先施工距离重点保护的建（构）筑物远的区块，再施工距离其近的区块，减少基坑土体的暴露时间，并及时施工支撑和垫层。

（6）对基坑边两跨范围内垫层进行加固。第二、三道支撑底及坑底垫层改为 300 厚素混凝土垫层；坑底垫层改为 300 厚钢筋混凝土垫层。

9.2.2 减少有限土体范围内房屋的变形保护措施

减小有限土体范围内房屋的变形保护措施主要保护对象为甬江女子中学和中山变电站。

（1）在基坑开挖前采取措施增加古建筑的整体性和抗变形能力：①底层建筑外围至冠梁范围内地坪采取硬化措施，形成基础顶部封闭层，使下部土体处于三向应力状态，有利于减小下部土体受荷载作用或水位下降影响时产生的竖向位移；②在窗上过梁下部

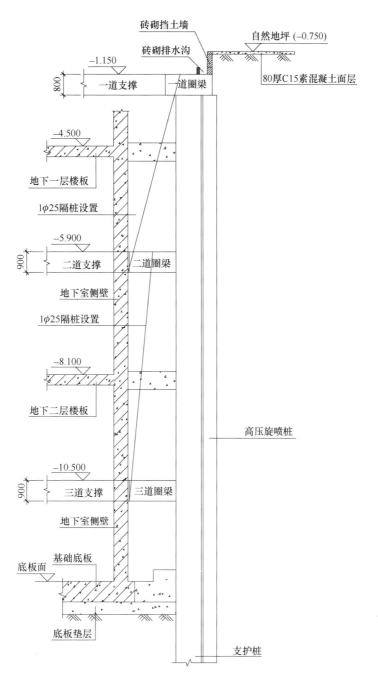

图 9-5 典型支护结构剖面图

增设一道钢过梁，钢过梁采用双道 16 号槽钢内衬 5 厘板，在建筑内四角增设 16 号槽钢角撑，增加建筑物整体性，如图 9-6 所示；③在局部建筑角部、内外墙交界部位等容易产生应力集中的特殊部位，采用钢构件进行托换处理，减少应力集中对上述部位的影响。如图 9-7 所示。

（2）增大该区支护桩和支撑体系的刚度，如图 9-8 所示。

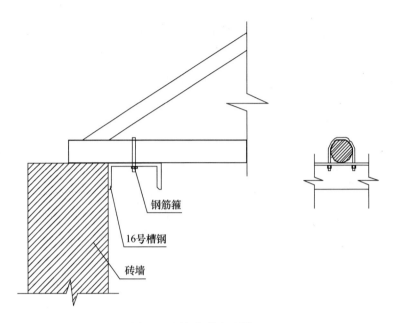

图 9-6　屋架部位加强设置

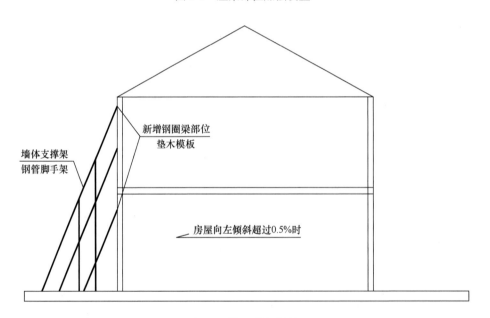

图 9-7　设置附加斜撑

（3）采取华展院独创的跟踪水平注浆的方式来控制地面沉降。

（4）在基坑周边增设一密排高压旋喷桩，减少基坑周边水土流失；在基坑周边主动区和坑内被动区土体设置高压旋喷桩进行土体加固。

（5）利用时空效应原理，采取分区分块的挖土方式。

（6）对基坑周边两跨范围内垫层进行加固。

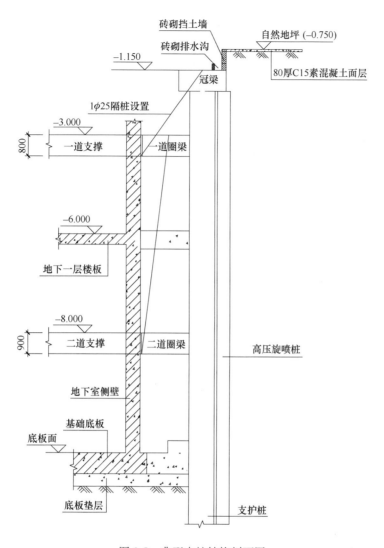

图 9-8　典型支护结构剖面图

9.2.3　减小土压力不平衡的保护措施

（1）为减小基坑东西两侧土压力不平衡，在基坑西侧二道支撑处设置一道锚杆。普通注浆锚杆由于在施工过程中易发生土体坍塌、浆液扩散，其极限抗拔力较低，不能满足要求。为解决这一难题，华展院自主研发了浆囊袋注浆锚杆，该锚杆极限抗拔力是以往普通工艺土层锚杆的 6 倍，很大程度上减小了基坑东西两侧土压力不平衡。另外，该锚杆还具有可拆卸功能，不会影响周边地块的开发利用，华展院已经成功申请了浆囊袋注浆锚杆专利。另一方面，在基坑东侧设置施工栈桥，加大该侧支护结构刚度，进一步减小东西两侧土压力不平衡的影响，现场施工照片见图 9-9。

（2）为减小基坑二、三层地下室区域间土压力不平衡，对基坑内被动区土体加固；

图 9-9 浆囊袋注浆锚杆

在二、三道圈梁、支撑交接区域设置 800 厚转换剪力墙，很大程度上减少了基坑支护结构的变形，并且可保证二、三层地下室分别独立施工，缩短了工期。这种在支撑体系开口处设置 800 厚转换剪力墙方法是华展院独创技术，在基坑工程中也是首次采用。

9.2.4 其他保护措施

（1）为了能整体地分析支护结构体系受力情况，首次采用了华展院和中国建筑科学研究院共同研发的宁波市深基坑支护设计软件，该软件特别针对宁波地区的软土特性和深基坑支护结构实际施工中的分步开挖、分步加撑、分层拆撑等施工特点做了相应的改进，可反映出基坑支护空间结构的内力和位移，以及本基坑的土压力不平衡问题，准确地模拟了本基坑开挖过程中支护结构受力与变形情况。宁波市深基坑支护设计软件开发课题于 2006 年相继通过了鉴定委员会鉴定和建设部科学技术司的验收，与会专家一致认为本书达到了国内领先水平，并获得了中国建筑科学研究院科技进步三等奖。

（2）为加快二道支撑以下土方的开挖速度，在竖向支护结构设计过程中，在保证桩身内力分布合理的同时，将一、二道支撑间的净间距设置为 4.2m，在二道支撑上设置车道板，可满足运土车辆在一道支撑和二道支撑间通行，为二道支撑下土体的开挖提供了极大的方便，极大地减少了土方开挖时间。

9.3　工程实测结果

为了较准确地预测本基坑支护施工阶段引起的土体位移场变化及周边古建筑、中山变电站、和义大道等建（构）筑物的变形，首次采用大型三维有限元分析软件 MIDAS-GTS，建立包含整个基坑工程和周边的古建筑的模型，考虑基坑施工工况，采用多工序连续计算方法来模拟基坑的实际施工情况。为本工程优化设计研究提供了重要的依据。

9.3.1　甬江女子中学教学楼有限元分析及实测结果

建立宁波和义大道滨江休闲项目工程 1 号地块地下室整体基坑有限元模型，见图 9-10。

图 9-10　1 号地块整体基坑有限元模型

根据实际工程施工情况，分别对 1 号地块一期地下室基坑及 1 号地块二期地下室基坑两个施工阶段引起教学楼变形情况进行分析。1 号地块一期地下室基坑施工有限元分析结果见图 9-11 和图 9-12。由图可知，1 号地块一期基坑开挖至坑底时，基坑周边最大沉降约 15.0mm，支护桩水平位移最大值约 12.0mm。

有限元分析及实测结果见表 9-1。由表可知，建筑区域土体沉降、建筑区域深层水平位移、建筑不均匀沉降反映的实测数据略大于有限元计算值；建筑水平位移方面，实测值要略小于有限元计算值；建筑沉降方面，实测值与有限元计算值相差较大，前者是

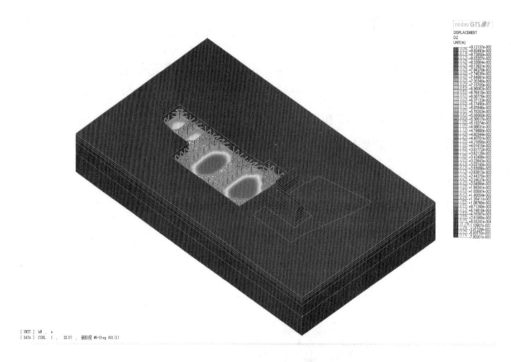

图 9-11　1号地块一期基坑开挖至坑底时竖向位移云图

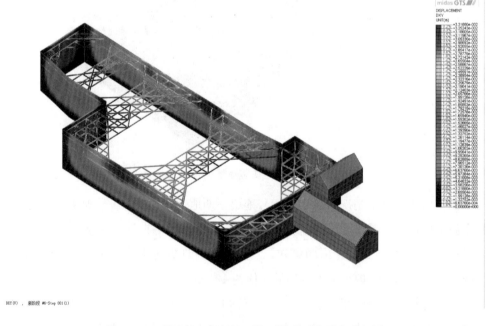

图 9-12　1号地块一期基坑开挖至坑底时水平位移云图

后者的 2.6 倍。

表 9-1　1 号地块一期基坑施工引起教学楼变形的有限元分析及实测结果

	建筑区域土体沉降(mm)	建筑区域深层水平位移(mm)	建筑沉降量(mm)	建筑水平位移(mm)	建筑不均匀沉降(mm)
有限元计算值	15	12	25	5	16
监测数据	20	20	65	2	22

1 号地块二期地下室基坑施工有限元分析结果见图 9-13 和图 9-14。由图可知，1 号地块二期基坑开挖至坑底时，基坑周边最大沉降约 20.0mm，支护桩水平位移最大值约 24.0mm。

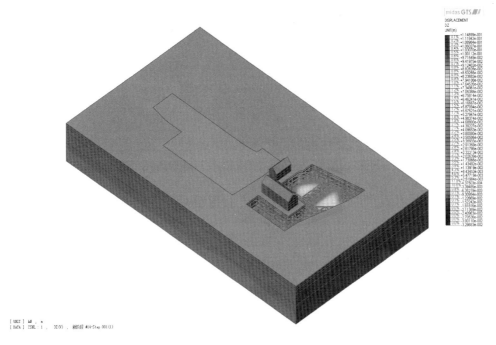

图 9-13　1 号地块二期基坑开挖至坑底时竖向位移云图

有限元分析及实测结果见表 9-2。由表可知，建筑区域土体沉降、建筑区域深层水平位移、建筑不均匀沉降反映的实测数据略大于有限元计算值；建筑水平位移和建筑倾斜方面，实测值要略小于有限元计算值；建筑沉降方面，实测值与有限元计算值相差较大，前者是后者的 1.4 倍。

表 9-2　1 号地块二期基坑施工引起教学楼变形的有限元分析及实测结果

	建筑区域土体沉降(mm)	建筑区域深层水平位移(mm)	建筑沉降量(mm)	建筑水平位移(mm)	建筑不均匀沉降(mm)	建筑倾斜
有限元计算值	20	24	28	−5～10	14	1.8‰
监测数据	31	28	40	6	11	1.6‰

图 9-14　1 号地块二期基坑开挖至坑底时水平位移云图

9.3.2　钱业会馆和中山变电站有限元分析及实测结果

建立宁波和义大道滨江休闲项目工程 2 号地块地下室整体基坑有限元模型，见图 9-15。

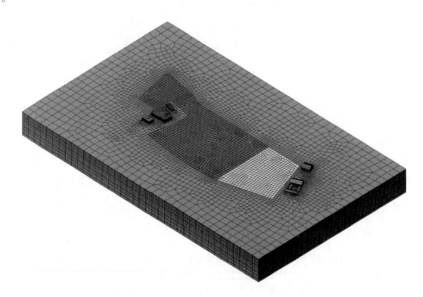

图 9-15　2 号地块整体基坑有限元模型

根据实际工程施工情况，对 2 号地块地下室基坑施工阶段引起钱业会馆和中山变电站的变形情况进行分析。2 号地块地下室基坑施工有限元分析结果见图 9-16 和图 9-17。

由图可知，2号地块基坑开挖至坑底时，基坑周边最大沉降约30.0mm，支护桩水平位移最大值约24.0mm。

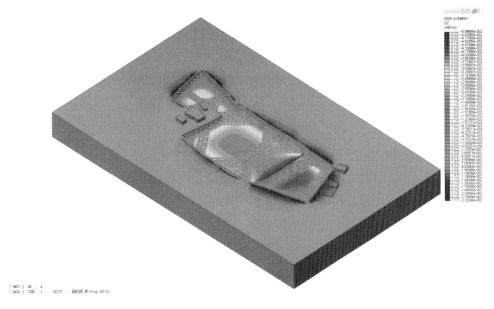

图9-16　2号地块基坑开挖至坑底时竖向位移云图

图9-17　2号地块基坑开挖至坑底时水平位移云图

有限元分析及实测结果见表9-3和表9-4。由表9-3可知，建筑区域土体沉降、建筑区域深层水平位移反映的实测数据略大于有限元计算值；建筑水平位移、建筑不均匀沉降和建筑倾斜方面，实测值要略小于有限元计算值；建筑沉降方面，实测值与有限元计算值相差较大，前者是后者的1.7倍。

表 9-3　2 号地块基坑施工引起钱业会馆变形的有限元分析及实测结果

	建筑区域土体沉降（mm）	建筑区域深层水平位移（mm）	建筑沉降量（mm）	建筑水平位移（mm）	建筑不均匀沉降（mm）	建筑倾斜
有限元计算值	25	24	8～23	8	16	1‰
监测数据	30	33	2～38	5	13	0.8‰

表 9-4　2 号地块基坑施工引起中山变电站变形的有限元分析及实测结果

	建筑区域土体沉降（mm）	建筑区域深层水平位移（mm）	建筑沉降量（mm）	建筑水平位移（mm）	建筑不均匀沉降（mm）	建筑倾斜
有限元计算值	30	19	30	8	15	1.6‰
监测数据	57	20	70	7	14	1.5‰

由表 9-4 可知，建筑区域深层水平位移反映的实测数据略大于有限元计算值；建筑水平位移、建筑不均匀沉降和建筑倾斜方面，实测值要略小于有限元计算值；建筑区域土体沉降和建筑沉降方面，实测值与有限元计算值相差较大，实测值分别是有限元计算值的 1.9 倍和 2.3 倍。

9.4　工程经济、环境、社会效益

（1）本基坑地处闹市区，人口密集，交通拥挤，周边环境极为复杂，社会影响大，政府和社会各界都极为关注。与基坑紧邻的国家级保护文物——钱业会馆、省级保护文物——甬江女子中学为民国时期建筑，具有很高的历史文化价值和社会价值，在基坑施工期间对其变形的控制至关重要；中山变电站、解放桥、和义路及路边管线等市政工程关系民众生活出行，若由于基坑的施工引起其不能正常使用，或甚至酿成事故，不仅会导致巨大的经济损失，还会产生严重的社会影响。因此，如何保护周边的重要建（构）筑物是本基坑工程的一个关键性技术难题。

通过采取由华展院独创的跟踪水平注浆技术，以及古建筑钢构加固、分区分块挖土、坑内外土体加固、垫层加固等控制变形措施，钱业会馆、甬江女子中学、中山变电站等建（构）筑物的变形都被控制在允许范围内，对本工程建设和环境的协调可持续发展具有显著贡献，环境效益和社会效益十分显著。特别采用跟踪水平注浆技术，可根据现场监测情况，及时、有效地控制基坑周边地面沉降，具有很好的经济性。

（2）在基坑两、三道支撑交界处设置华展院首创的 800 厚转换剪力墙，一方面很大程度上控制了基坑支护结构的变形，从而减小了对周边环境的影响。另一方面，可保证两层地下室及三层地下室支护体系相对独立，为施工进度的安排提供了较大的灵活性，缩短了至少两个月工期，节约资金成本约 400 万元，经济效益显著。

（3）东西向土压力不平衡是另一个重要技术难题。基坑东侧设置施工栈桥，在基坑西侧设置了华展院自主研发的浆囊袋注浆锚杆，效果显著；施工栈桥同时可兼作施工通道，为基坑施工提供了很大的便利；浆囊袋注浆锚杆可拆卸，不影响周边地块地下空间的开发利用。

（4）运土车可在一、二道支撑间通行，极大地加快了基坑挖土施工的进程，一方面减少了基坑土体暴露时间，减少支护结构及周边建（构）筑物的变形；另一方面缩短了至少 3 个月工期，节约资金成本约 500 万元。

（5）45％立柱利用工程桩，节约资金成本约 300 万元，具有很好的经济效益。

（6）由于宁波市深基坑支护设计软件计算结果可反映基坑支护空间结构的内力和位移，与常规计算方法相比，可节约造价 5％左右，本基坑工程可节省成本约 100 万元，经济效益显著。

（7）采用大型三维有限元分析软件 MIDAS-GTS，对本基坑加固措施进行优化分析，在满足基坑变形要求的同时，节省了资金成本，对基坑工程的可持续发展以及节约型社会的建设具有显著贡献。

（8）为类似周边环境复杂的深大基坑的支护设计提供了一种安全、合理、经济的解决方案，具有较强的工程示范作用。本工程同时也作为第三届浙江省岩土力学与工程学术大会及浙江省土力学学委会 2014 年学术报告会交流示范项目，取得了与会专家的一致好评，社会效益显著。

附录 宁波市轨道交通 1 号线沿线车站周边建筑物、地表沉降统计

附表 1 宁波市轨道交通 1 号线沿线车站周边建筑物、地表沉降统计

站点	基坑支护形式	建筑名称	结构形式	建成时间	建筑长×高×宽	基础形式	离基坑距离	最大累计沉降	最大差异沉降	最大倾斜	裂缝描述	监测时间段	土层情况	建筑位于基坑长边位置	基坑长宽比	基坑挖深
江厦桥东站	地下连续墙＋五道支撑	鄞州人民医院	混9	不详	40m×27m×14m	350预制方桩、26.5m	距离基坑北侧15m	−11.49mm	10.22	0.7‰	地面与建筑物相接处台阶处出现裂缝，约20mm	2010.11.08 ～ 2011.06.10	车站底板大部分位于③2层粉质黏土夹粉砂，地下墙趾插入⑥1层黏土中； 车站开挖深度范围内主要涉及土层从上至下层有杂填土、黏质质黏土、淤泥质黏土、淤泥质粉土、粉质黏土夹粉砂	建筑近基坑西端头	8.7	标准段16.81m；端头井18.55m
舟孟北路站	地下连续墙＋五道支撑	潜龙二村20幢	混5	不详	30.9m×15m×10.24m	φ377灌注桩、18m	距离基坑南侧28m	−11.98mm	5.09	0.5‰	近地面端角出现约2mm裂缝	2010.12.08 ～ 2011.06.11	车站底板大部分位于③2层、地下墙趾插入⑥1层黏土中； 车站开挖深度范围内主要涉土层由上至下为杂填土、淤泥质土、淤泥、粉土、淤泥质黏土、粉质黏土夹粉砂	建筑近基坑中部	10	标准段16.41m；端头井17.8m，18.15m
		建设银行	混2	不详	4.22m×6m×4.38m	φ426静压振捣桩	距离基坑北侧32m	−10.66mm	5.47	1.0‰				建筑近基坑东端头		

续表

站点	基坑支护形式	建筑名称	结构形式	建成时间	建筑长高宽	基础形式	离基坑距离	最大累计沉降	最大差异沉降	最大倾斜	裂缝描述	土层情况	监测时间段	建筑位于基坑长边位置	基坑长宽比	基坑挖深
大卿桥站	地下连续墙+六道支撑	后河小区	混 7	2008年		桩基础	距离基坑西侧端头16.0m	−3.30mm	1.00mm			基底位于粉质黏土中，墙址位于⑤-2~⑤-4层粉质黏土。基坑开挖土方涉及②-1a层黏土层，②-2层淤泥质黏土层，②-2-2淤泥质黏土，③-1黏土夹粉砂，③-2粉质黏土	2010.12.20~2011.3.3（从项目开始至结束）	建筑近基坑东端头	9.4	端头井17.7m；标准段16.4m
盛莫路站	地下连续墙+六道支撑	宁波第一消防器材厂	砖 1	1981年			距离基坑东侧端头6.7m	−18.90mm	5.00mm			车站底板位置②-2-2淤泥质黏土；墙址位置基坑土方涉及①-2粉质黏土，①-3淤泥质黏土，②-2-1层淤泥，②-2-2层淤泥质黏土	2010.11.8~2011.3.10	建筑近基坑西端头	7.7	端头井18.3m；标准段16.3m

续表

站点	基坑支护形式	建筑名称	结构形式	建成时间	建筑长高宽	基础形式	离基坑距离	最大累计沉降	最大差异沉降	最大倾斜	裂缝描述	土层情况	监测时间段	建筑位于基坑长边位置	基坑长宽比	基坑挖深
云霞路站	地下连续墙+六道支撑	南都花城桂花园	混8	2008年		ϕ377灌注桩	距离坑东侧端头9.2m	−4.00mm	1.00mm		—	基坑底板位于④$_1$层，墙趾位于⑤$_4$、⑥$_1$层。基坑开挖涉及土层：①$_3$层淤泥质黏土、②$_{2c}$层淤泥质黏土、④$_1$层黏土、⑤$_1$层粉质黏土、⑤$_2$层粉质黏土、⑤$_4$层粉质黏土、⑥$_1$层粉质黏土、⑥$_3$层黏土、⑦$_1$层粉质黏土	2012.3.1 ~ 2012.7.23	建筑近基坑东端头	8	端头井17.69m；标准段16.85m

说明：1. 选取1号线沿线车站周边建筑物距离基坑最近的代表性建筑物作为统计对象；

　　　2. "—"表示情况不明。

附表 2 宁波市轨道交通 2 号线沿线车站周边建筑物、地表沉降统计

站点	基坑支护形式	建筑名称	结构形式	建成时间	建筑长高宽	基础形式	与结构边缘距离	最大累计沉降	最大差异沉降	最大倾斜	裂缝描述	土层情况	监测时间段	建筑位于基坑长边位置	基坑长宽比	基坑挖深
宁波火车站	地下连续墙+2道混凝土支撑4道钢支撑	月湖银座	框架结构	—	长42m、宽31m	φ600、φ800钻孔灌注桩，桩长46.0m，桩底标高−53.5m，持力层⑧-2层圆砾层	距离东端头61m	−4.3mm	1.2mm	0.04‰	无	基底位于⑥1层粉质黏土层，地下连续墙趾位于⑧-1层粉砂层，车站开挖深度范围内涉及主要土层有②-1层淤泥质粉质黏土、②-2层淤泥质黏土、③-1层含黏性土粉砂、③-2层粉质黏土、④-1层淤泥质黏土、④-2层黏土、⑤层粉质黏土、⑥-1层粉质黏土	2012.3.5～2012.9.5	建筑位于基坑东端头	5	26～28m

续表

站点	基坑支护形式	建筑名称	结构形式	建成时间	建筑长高宽	基础形式	与结构边缘距离	最大累计沉降	最大差异沉降	最大倾斜	裂缝描述	土层情况	监测时间段	建筑位于基坑边位置	基坑长宽比	基坑挖深
孔浦站	地下连续墙+1道混凝土支撑 4道混凝土支撑	孔浦村委会	混2	—	长44m，宽12.5m	条形基础，埋深2m	距离东端头16.9m	-45.1mm	31.3mm	0.70‰	无	基底位于③₁层粉质黏土层，地下连续墙墙趾位于⑤₃层粉质黏土层，车站开挖深度范围内涉及主要土层有①₁杂填土、①₂黏土、①₃黏土、②₁淤泥质黏土	2011.11.14～2012.4.10	建筑位于基坑东端头	9.8	17.5m
		沿街商铺(1)	砖2	—	长20m，宽8m	条形基础，埋深2m	距基坑北侧48m	-8.5mm	3.8mm	0.63‰	无	①₂ₐ黏土、②₁黏色、②₂ｂ淤泥质粉质黏土、②₂ｃ淤泥质黏土、②₃淤泥质粉质黏土、③₁粉质黏土	2011.11.14～2012.4.10	建筑位于基坑长边1/7位置处	9.8	17.5m
		沿街商铺(2)	砖2	—	长27m，宽8m	条形基础，埋深2m	距基坑北侧46m	-9.0mm	3.1mm	0.38‰	无	②₁黏土、②₂ｂ淤泥质黏土、②₂ｃ淤泥质粉质黏土、②₃淤泥质粉质黏土、③₁粉质黏土	2011.11.14～2012.4.10	建筑位于基坑长边1/2位置处	9.8	17.5m
		沿街商铺(3)	砖2	—	长17m，宽9m	条形基础，埋深2m	距基坑北侧46m	-9.7mm	4.1mm	0.38‰	无	②₁黏土	2011.11.14～2012.4.10	建筑位于基坑长边1/3位置处	9.8	17.5m

续表

站点	基坑支护形式	建筑名称	结构形式	建成时间	建筑长宽高	基础形式	与结构边缘距离	最大累计沉降	最大差异沉降	最大倾斜	裂缝描述	土层情况	监测时间段	建筑位于基坑长边位置	基坑长宽比	基坑挖深
城隍庙站	800mm地下连续墙+五道支撑	县学小区	混8	—		沉管灌注桩(21m左右)	距离基坑西侧边缘13.4m	-7.64mm	—	—	未发现明显裂缝	车站底板位于③2粉质黏土、地下连续墙趾位于⑥2粉质黏土;车站开挖深度范围内主要有①层杂填土、①3层淤泥质黏土、②2b层淤泥质黏土、②2c层淤泥质黏土、③层粉砂质黏性土含粉砂、③2层粉质黏土	2013.3.16～2013.7.21	建筑位于基坑长边1/3位置处	8.4	17.55m
	800mm地下连续墙+五道支撑(1混凝土4钢)	老城隍庙	砖木2	—	—	条形基础	距离基坑东侧边缘25.8m	-67.95mm	63.28mm	1.67‰	水泥墙上细微裂缝较多	车站底板位于③2粉质黏土、地下连续墙趾位于⑥2粉质黏土;车站开挖深度范围内主要有①层杂填土、①3层淤泥质黏土、②2b层淤泥质黏土、②2c层淤泥质黏土、③层粉砂质黏性土含粉砂、③2层粉质黏土	2013.3.16～2013.7.21	建筑位于基坑中部	151.22m;18.32～18.91m	端头井基坑深分别为18.98m、19.09m,标准段基坑深约17.55m

软土地区深基坑周边建筑变形控制理论与实践

续表

站点	基坑支护形式	建筑名称	结构形式	建成时间	建筑长高宽	基础形式	与结构边缘距离	最大累计沉降	最大差异沉降	最大倾斜	裂缝描述	土层情况	监测时间段	建筑位于基坑边位置	基坑长宽比	基坑挖深
城隍庙站	800mm地下连续墙+五道支撑(1混凝土4钢)	芝兰大厦	主楼混凝土8、9、10,裙楼混凝土2、6	—	—	预制方桩20.4~24.3m	距车站西侧15.1m	−3.47mm	1.01mm	0.07‰	墙角处最大约3cm	车站底板位于③₂粉质黏质土,地下连续墙趾位于⑥₂粉质黏土;范围内涉有①层杂填土、①₃层淤泥质黏土、②₂b层淤泥、②₂c层淤泥质黏土、③层黏质粉土粉砂、③₂层粉质黏土	2013.3.16～2013.7.21	建筑位于基坑长边1/5处	151.22m 18.32~18.91m	端头井基坑深分别为18.98m、19.09m;标准段基坑深约17.55m
外滩大桥站	800mm地下连续墙+四道支撑(1混凝土3钢)	崇瑞青少年宫	混凝土3	—	—	φ377沉管灌注桩16.5m	距车站东侧30.1m	−5.96mm	2.27mm	0.18‰	无裂缝	车站底板位于②₄层淤泥质黏土,地下连续墙趾位于⑥₂粉质黏土;范围内涉有①₁层填土、②层粉质黏土、②₁a层黏土、②₃层粉质黏土、淤泥质粉质黏土、②₄层淤泥质黏土	2012.4.9～2012.8.30	建筑位于基坑长边端头井对应处	190.1m 19.0m	端头井17.692m,标准段15.931m

续表

站点	基坑支护形式	建筑名称	结构形式	建成时间	建筑长高宽	基础形式	与结构边缘距离	最大累计沉降	最大差异沉降	最大倾斜	裂缝描述	土层情况	监测时间段	建筑位于基坑长边位置	基坑长宽比	基坑挖深
外滩大桥站	800mm 地下连续墙+四道支撑（1 混凝土 3 钢）	江北中心小学	混凝土 2	—	—	φ426 沉管灌注桩 32.0m	距车站东侧 28.7m	−7.61mm	3.62mm	0.48‰	无裂缝	车站底板位于②₄层淤泥质黏土，地下连续墙墙趾位于⑥₂粉质黏土；车站开挖深度范围内涉及土层主要有①₁层填土；②₂层粉质黏土；②₃层淤泥质粉质黏土；②₄层淤泥质黏土	2012.4.9 ～ 2012.8.30	建筑位于基坑长边端头井对应处	190.1m：19.0m	端头井 17.692m，标准段 15.931m
正大路站	800mm 地下连续墙+五道支撑（1 混凝土 4 钢）	部队建房①	混凝土 5	—	—	条形基础	距车站东侧 16.2m	−16.97mm	14.53mm	1.45‰	无裂缝	车站底板位于③₁粉土夹粉砂层，地下连续墙墙趾位于⑥₂粉质黏土；车站开挖深度范围内涉及土层主要有①₁层填土；①₂层黏土；②₂层粉质黏土；②₃层淤泥质黏土；②₃a层淤泥质黏土夹粉砂；③₁粉土夹粉砂	2013.4.2 ～ 2013.8.30	建筑位于基坑长边端头井对应处	186.4m：20.32m	标准段挖约 16.550m，端头井挖深约 18.460m

站点	基坑支护形式	建筑名称	结构形式	建成时间	建筑长高宽	基础形式	与结构边缘距离	最大累计沉降	最大差异沉降	最大倾斜	裂缝描述	土层情况	监测时间段	建筑位于基坑长边位置	基坑长宽比	基坑挖深
正大路站	800mm地下连续墙+五道支撑(1混凝土4钢)	部队建房②	混凝土5	—	—	条形基础	距车站西侧8.1m	−10.56mm	4.29mm	0.43‰	无裂缝	车站底板位于③$_1$粉土夹粉砂层，地下连续墙趾位于⑥$_2$粉质黏土。车站开挖涉及土层主要有①$_1$层填土；①$_2$层黏土；①$_3$层淤泥质粉质黏土；②$_1$层粉质黏土；②$_3$层淤泥质黏土；②$_{3a}$层粉砂夹粉土；③$_1$粉土夹粉砂	2013.4.2~2013.8.30	建筑位于基坑长边1/4处	186.4m：20.32m	标准段挖深约16.550m，端头井挖深约18.460m
	800mm地下连续墙+五道支撑(1混凝土4钢)	正大花园小区住宅楼	混凝土6	—	—	φ377沉管灌注桩26m	距车站西侧30.3m	−6.60mm	3.8mm	0.32‰	无裂缝	车站底板位于③$_1$粉土夹粉砂层，地下连续墙趾位于⑥$_2$粉质黏土。车站开挖涉及土层主要有①$_1$层填土；①$_2$层黏土；①$_3$层淤泥质粉质黏土；②$_1$层粉质黏土；②$_3$层淤泥质黏土；②$_{3a}$层粉砂夹粉土；③$_1$粉土夹粉砂	2013.4.2~2013.8.30	建筑位于基坑长边1/4处	186.4m：20.32m	标准段挖深约16.550m，端头井挖深约18.460m

续表

站点	基坑支护形式	建筑名称	结构形式	建成时间	建筑长高宽	基础形式	与结构边缘距离	最大累计沉降	最大差异沉降	最大倾斜	裂缝描述	土层情况	监测时间段	建筑位于基坑边位置	基坑长宽比	基坑挖深
正大路站	800mm地下连续墙+五道支撑（1混凝土4钢）	中国网络通信集团宁波分公司	混凝土5	—	—	条形基础	距车站东侧18.6m	-18.57mm	17.58mm	1.26‰	无裂缝	车站底板位于③$_1$粉土夹粉砂层，地下连续墙墙趾位于⑤$_2$粉质黏土。车站开挖深度范围内涉及土层主要有①$_1$层填土；①$_2$层黏土；②$_1$层淤泥质黏土；②$_3$层粉质黏土；②$_{3a}$层粉砂夹粉土；③$_1$粉土夹粉砂	2013.4.2 ~ 2013.8.30	建筑位于基坑长边1/4处	186.4m : 20.32m	标准段挖深约16.550m，端头井挖深18.460m
倪家堰站	800mm地下连续墙+四道支撑（1混凝土3钢）	日湖花园别墅	混凝土3	—	—	φ700灌注桩59m	距车站东侧约18m	-6.48mm	2.08mm	0.13‰	无裂缝	车站底板夹粉砂层，地下连续墙墙趾位于⑤$_2$粉质黏土。车站开挖深度范围内涉及土层主要有①$_1$层填土；①$_4$层黏土；②$_1$层粉质黏土；②$_{2b}$层淤泥质黏土；②$_3$层淤泥质黏土；②$_{3a}$层粉砂夹粉土；③$_1$粉土夹粉砂	2011.9.19 ~ 2012.4.17	建筑位于基坑长边处	149m : 18.7m	标准段挖深约16.454m，端头井挖深18.197m

续表

站点	基坑支护形式	建筑名称	结构形式	建成时间	建筑长高宽	基础形式	与结构边缘距离	最大累计沉降	最大差异沉降	最大倾斜	裂缝描述	土层情况	监测时间段	建筑位于基坑位置	基坑长宽比	基坑挖深
倪家堰站	800mm地下连续墙+四道支撑（1混凝土3钢）	日湖花园高层住宅	混凝土18、20	不详	不详	φ700灌注桩51.5m	距车站东侧约22.2m	−5.98mm	1.84mm	1.31‰	无裂缝	车站底板位于③₁粉土夹粉砂层，地下连续墙墙趾位于⑤₂粉质黏土；车站开挖深度范围内涉及土层主要有①₁层填土；①₄层泥质碳土；②₁层粉质黏土；②₂b层、②₃层淤泥质黏土；②₃a层粉砂夹粉土；③₁粉土夹粉砂	2011.9.19～2012.4.17	建筑位于基坑长边处	149m：18.7m	标准段挖深约16.454m，端头井挖深约18.197m

说明：1. 选取 2 号线沿线车站周边建筑物距离基坑最近的代表性建筑物作为统计对象；
2. "—"表示情况不明。

参考文献

[1] CASPE M S. Surface settlement adjacent to braced open cuts[J]. Journal of Soil Mechanics and Foundations Division，1966，92(4)：51-59.

[2] Peck R B. Deep excavation and tunneling in soft ground[C]. Mexico City：1969.

[3] 侯学渊，陈永福．深基坑开挖引起周围地基土沉陷的计算[J].岩土工程师，1989，1(1)：3-13.

[4] 徐方京．影响基坑变形的因素及基坑周边地层移动影响的范围[J].岩土工程学报，1992，23(1)：30-35.

[5] 刘建航．地下墙深基坑周围地层移动的预测和治理之二——基坑周围地层移动的预测[J].地下工程与隧道，1993(2)：2-23.

[6] 孙钧．市区地下连续墙基坑开挖对环境病害的预测与防治[J].西部探矿工程，1994，6(5)：1-7.

[7] 唐孟雄，赵锡宏．深基坑周围地表任意点移动变形计算及应用[J].同济大学学报，1996，24(3)：238-244.

[8] Hsieh P G，Ou C Y. Shape of ground surface settlement profiles caused by excavation[J]. Canadian Geotechnical Journal，1998，35：1004-1017.

[9] 简艳春．软土基坑变形估算及其影响因素研究[D].南京：河海大学，2001.

[10] 聂宗泉，张尚根，孟少平．软土深基坑开挖地表沉降评估方法研究[J].岩土工程学报，2008，30(8)：1218-1223.

[11] 刘小丽，周贺，张占民．软土深基坑开挖地表沉降估算方法的分析[J].岩土力学，2011(S1)：90-94.

[12] 尹盛斌，丁红岩．基坑周围深层土体沉降预测研究[J].施工技术，2012，41(363)：67-72.

[13] 木林隆，黄茂松．基坑开挖引起的周边土体三维位移场的简化分析[J].岩土工程学报，2013(05)：820-827.

[14] 郑刚，焦莹．深基坑工程设计理论及工程应用[M].北京：中国建筑工业出版社，2010.

[15] BURLAND J B，WROTH C P. Settlement behavior of buildings and associated damage[C]. London：Pentech Press，1974.

[16] BOSCARDIN M D，CORDING E J. Building response to excavation-induced settlement[J]. Journal of Geotechnical Engineering，1989，115(1)：1-21.

[17] SON M，CORDING E J. Estimation of building damage due to excavation-induced ground movements[J]. Journal of Geotechnical and Geoenvironmental Engineering，2005，131(2)：162-177.

[18] BOONE S J. Ground-movement-related building damage[J]. Journal of Geotechical Engineering，1996，122(11)：886-896.

[19] FINNO R J，ROBOSKI J F. Three-dimensional response of a tied-back excavation through clay[J]. Journal of Geotechnical and Geoenvironmental Engineering，2005，131(3)：273-282.

[20] 唐孟雄，赵锡宏．深基坑周围地表沉降及变形分析[J].建筑科学，1996(4)：31-35.

[21] 杨国伟．深基坑及其邻近建筑保护研究[D].上海：同济大学，2000.

[22] 边亦海，黄宏伟．深基坑开挖引起的建筑物破坏风险评估[J].岩土工程学报，2006(S1)：1892-

1896.

[23] 李进军,王卫东,邸国恩,等.基坑工程对邻近建筑物附加变形影响的分析[Z].武汉:2007,622-629.

[24] 龚东庆.深基坑引致邻近建筑物损害评估方法[J].岩土工程学报,2008,30(S):138-143.

[25] Schuster M, Kung G T C, Juang C H, Hashash Y M A. Simplified model for evaluating damage potential of buildings adjacent to a braced excavation[J]. Journal of Geotechnical and Geoenvironment Engineering, 2009, 135(12): 1823-1835.

[26] 王卫东,徐中华.预估深基坑开挖对周边建筑物影响的简化分析方法[J].岩土工程学报,2010(S1):32-38.

[27] 王浩然,王卫东,徐中华.基于数值分析的预估基坑开挖对环境影响的简化方法[J].岩土工程学报,2012,34(S):108-112.

[28] 吴朝阳,李正农.基坑开挖对周边建筑物影响的计算及实测分析[J].自然灾害学报,2014,23(04):242-249.

[29] 黄沛,刘铭,陈华,等.桩基建筑物受临近深基坑施工影响的安全评估[J].岩土工程学报,2012,34(S):347-351.

[30] 张驰,黄广龙,李娟.深基坑施工环境影响的模糊风险分析[J].岩石力学与工程学报,2013,32(S1):2669-2675.

[31] 吴朝阳,吴红华,李正农,等.基于区间理论的基坑周边建筑物风险模糊评判[J].湖南大学学报(自然科学版),2014,41(03):7-13.

[32] 杨敏,周洪波,杨桦.基坑开挖与临近桩基相互作用分析[J].土木工程学报,2005,38(4):91-96.

[33] 杜金龙,杨敏.软土基坑开挖对邻近桩基影响的时效分析[J].岩土工程学报,2008(07):1038-1043.

[34] 徐中华,王卫东,王建华.逆做法深基坑对周边保护建筑影响的实测分析[J].土木工程学报,2009,42(10):88-96.

[35] 史春乐,王鹏飞,王小军,等.深基坑开挖导致邻近建筑群大变形损坏的实测分析[J].岩土工程学报,2012,34(S1):512-518.

[36] 阎超,刘秀珍.某深基坑安全开挖引起临近建筑物较大沉降的实例分析[J].岩土工程学报,2014,36(S2):479-482.

[37] 刘念武,龚晓南,俞峰,等.软土地区基坑开挖引起的浅基础建筑沉降分析[J].岩土工程学报,2014(S2):325-329.

[38] 刘建航,刘国彬,范益群.软土基坑工程中时空效应理论与实践(上)[J].地下工程与隧道,1999(4):7-11.

[39] 刘建航,刘国彬,范益群.软土基坑工程中时空效应理论与实践(下)[J].地下工程与隧道,1999(4):10-14.

[40] 刘金元,刘国彬,侯学渊.基坑近旁建筑物循迹补偿保护法的应用[J].岩土工程学报,1999,21(3):283-287.

[41] 程斌,刘国彬,侯学渊.基坑工程施工对邻近建筑物及隧道的相互影响[J].工程力学,2000(S):486-491.

[42] 侯胜男,刘陕南,刘征,等.紧邻深基坑某历史建筑变形实测分析[J].地下空间与工程学报,2011,7(5):977-982.

[43] 丁勇春,程泽坤,王建华,等.深基坑施工对历史建筑的变形影响及控制研究[J].岩土工程学报,2012(S1):644-648.

［44］ 龚江飞，周晓茗，张吉，等．软土地区深基坑开挖对周边文物建筑沉降的影响［J］．施工技术，2015，44(01)：28-31.

［45］ 中华人民共和国住房和城乡建设部．建筑地基基础工程施工质量验收标准：GB 50202—2018［S］．北京：中国计划出版社，2002.

［46］ 中华人民共和国住房和城乡建设部．建筑基坑工程监测技术标准：GB 50497—2019［S］．北京：中国计划出版社，2009.

［47］ 基坑工程技术规范：DG/T J08-61—2010(J11577—2010)［S］．上海：2010.

［48］ 上海地铁基坑工程施工规程：SZ-08—2000［S］．上海：2000.

［49］ 建筑基坑工程技术规程：DB33/T 1096—2014［S］．浙江：2014.

［50］ 宁波城市轨道交通设计技术标准：2015 甬 SS-01［S］．宁波：2015.

［51］ 郑刚，焦莹，李竹．软土地区深基坑工程存在的变形与稳定问题及其控制——基坑变形的控制指标及控制值的若干问题［J］．施工技术，2011，40(339)：8-14.

［52］ 中华人民共和国住房和城乡建设部．建筑地基基础设计规范：GB 50007—2011［S］．北京：中国计划出版社，2011.

［53］ 华东建筑设计研究院有限公司，上海交通大学．上海市《基坑工程技术规范》编制环境影响分析专题研究报告［R］．上海，2009.

［54］ BJERRUM L. Allowable settlements of structures［C］. Weisbaden，Germany：1963.

［55］ 中华人民共和国住房和城乡建设部．混凝土结构设计规范：GB 50010—2010［S］．北京：中国建筑工业出版社，2010.

［56］ 刘凤洲，谢雄耀．地铁基坑围护结构成槽施工对邻近建筑物沉降影响及监测数据分析［J］．岩石力学与工程学报，2014，33(S1)：2901-2907.

［57］ 鲁嘉，胡康虎，叶启军，等．深大基坑地下连续墙施工引起土体变形效应分析［J］．建筑科学，2013，29(09)：29-34.

［58］ 吴才德，许成承，成怡冲，等．软土地区基坑开挖引起的邻近隧道变形预测［J］．城市轨道交通研究，2016(10)：28-31.

［59］ MANA A L，CLOUGH G W. Prediction of movements for braced cuts in clay［J］. Journal of Geotechnical engineering，1981，6(107)：759-777.

［60］ 郑刚，焦莹．深基坑工程设计理论及工程应用［M］．北京：中国建筑工业出版社，2010.

［61］ 刘晓虎．宁波轨道交通深基坑工程变形规律及反馈分析［M］．宁波：宁波大学，2012.

［62］ 顾晓鲁，钱鸿缙，刘惠珊，等．地基与基础［M］．北京：中国建筑工业出版社，2003.

［63］ 徐中华，王卫东．敏感环境下基坑数值分析中土体本构模型的选择［J］．岩土力学，2010，31(1)：258-264.

［64］ SCHANZ T，VERMEER P A，Bonnier P G. Beyond 2000 in Computational Geotechnics［M］. Rotterdam：Balkema，1999.

［65］ 王卫东，王浩然，徐中华．上海地区基坑开挖数值分析中土体 HS-Small 模型参数的研究［J］．岩土力学，2013，6(34)：1766-1774.

［66］ 张雪婵．软土地基狭长型深基坑性状分析［D］．杭州：浙江大学，2012.

［67］ 王卫东，王浩然，徐中华．基坑开挖数值分析中土体硬化模型参数的试验研究［J］．岩土力学，2012，33(8)：2283-2290.

［68］ 刘书斌，王春波，周立波，等．硬化土模型在无锡地区深基坑工程中的应用与分析［J］．岩石力学与工程学报，2014，33(S1)：3022-3028.

［69］ 谢建斌，曾宪明，胡井友，等．硬化土模型在桩锚与桩撑组合支护深基坑工程中的应用［J］．岩土工程学报，2014，36(S2)：56-63.

[70] 吴才德，章玉明，田领川，等．基于改进神经网络的地铁车站深基坑位移反分析[J]．科技通报，2017，33(1)：142-146.

[71] 吴发红，邓成发，胡广伟．基于有限元及神经网络的土体参数反分析[J]．城市轨道交通研究，2012(2)：79-83.

[72] 王春波，丁文其，王军．深基坑工程土层参数反分析方法探讨研究[J]．地下空间与工程学报，2011，7(S2)：1638-1642.

[73] 彭军龙，张学民，阳军生，等．地铁深基坑支护的遗传神经网络位移反分析[J]．岩土力学，2007，28(10)：2118-2122.

[74] 陈魁．实验设计与分析[M]．北京：清华大学出版社，1996.

[75] 成怡冲，龚迪快，章玉明，等．深基坑周边建筑安全评价的事故树分析法[J]．施工技术，2017，46(6)：97-101.

[76] 隋鹏程，陈宝智，隋旭．安全原理[M]．北京：化学工业出版社，2005.

[77] 李慧强，徐晓敏．建设工程事故风险路径、风险源分析与风险概率估算[J]．工程力学，2001(S)：716-719.

[78] 边亦海，黄宏伟．SMW 工法支护结构失效概率的模糊事故树分析[J]．岩土工程学报，2006，28(5)：664-668.

[79] 张建．FTA 分析方法在基坑工程中的应用研究[J]．铁道建筑，2009(2)：74-76.

[80] 龙小梅，陈龙珠．基坑工程安全的故障树分析方法研究[J]．防灾减灾工程学报，2005，25(4)：363-368.

[81] 张小平，王杰，胡明亮．事故树分析在排桩基坑工程安全评价中的应用研究[J]．岩土工程学报，2011，33(6)：960-965.

[82] 唐业清，李启民，崔江余．基坑工程事故分析与处理[M]．北京：中国建筑工业出版社，1999.

[83] 黄宏伟，边亦海．深基坑工程施工中的风险管理[J]．地下空间与工程学报，2005，1(4)：611-614.

[84] 张尚根，陈志龙，曹继勇．深基坑周围地表沉降分析[J]．岩土工程技术，1999(4)：7-9.

[85] 丁勇春．软土地区深基坑施工引起的变形及控制研究[D]．上海：上海交通大学，2009.

[86] 龚迪快，成怡冲，汤继新，等．城市轨道交通深基坑周边建筑物安全评判方法[J]．城市轨道交通研究，2017，20(10)：48-52.

[87] 北京市质量技术监督局．城市轨道交通土建工程设计安全风险评估规范：(DB11/1067—2014)[S]．北京：2014.

[88] 陆承铎．建筑物裂缝形成的原因探析与处理[J]．苏州城建环保学院学报，2000，13(2)：60-65.

[89] 陈龙．城市软土盾构隧道施工期风险分析与评估研究[D]．上海：同济大学，2004.

[90] BURLAND J B. Assessment of risk damage to buildings due to tunneling and excavations[Z]. Tokyo：1995.

[91] 刘国彬，王卫东．基坑工程手册[M]．北京：中国建筑工业出版社，2009.

[92] 中华人民共和国住房和城乡建设部．城市轨道交通工程监测技术规范：GB 50911—2013[S]．北京：中国建筑工业出版社，2013.

[93] 中华人民共和国住房和城乡建设部．城市轨道交通地下工程建设风险管理规范：GB 50652—2011[S]．北京：中国建筑工业出版社，2011.

[94] 焦莹，郑刚．深基坑工程设计理论及工程应用[M]．北京：中国建筑工业出版社，2010.

[95] 应宏伟，李涛，王文芳．基于三维数值模拟的深基坑隔断墙优化设计[J]．岩土力学，2012，33(01)：220-226.

[96] 郑刚，杜一鸣，刁钰．隔离桩对基坑周边既有隧道变形控制的优化分析[J]．岩石力学与工程学

报，2015，34(S1)：3499-3509.

［97］ 安然，龚迪快，成怡冲，等．减小明挖隧道施工对周边建筑影响的措施研究[J]．施工技术，2019，48(13)：80-86.

［98］ COWLAND J W, Thorley C B B. Ground and building settlement associated with adjacent slurry trench excavation[C]. London：Pentech Press，1985.

［99］ 胡其志，何世秀．基坑降水引起地面沉降的分析[J]．湖北工学院学报，16(1)：66-69.

［100］ 郑翔，成怡冲，龚迪快，等．软土地区明挖隧道基坑及周边建筑变形实测分析[J]．工程勘察，2017，45(04)：12-17.

［101］ 李大鹏，唐德高，闫凤国，等．深基坑空间效应机理及考虑其影响的土应力研究[J]．浙江大学学报(工学版)，2014，48(09)：1632-1639.

［102］ 成怡冲，张挺钧，郑翔，等．软土地区明挖隧道施工引起周边建筑沉降的预测方法[J]．城市轨道交通研究，2018，21(10)：62-66.